Contributiones Biologiae Arborum
Vol. 2

The complex problems of environmental pollution today have made us aware of just how little we know about the basic biological mechanisms of trees.

CONTRIBUTIONS BIOLOGIAE ARBORUM (CBA) is a new series of softcover books, dealing in scientifically overlapping areas, which will publish original extended papers, review articles and research reports as they are received, concerning the morphology, anatomy, physiology and pathology of forest trees, in English or German. The series will also include contributions on forest protection, wood biology and breeding research as well as results from work on air pollution.

Each volume must be self-contained, of high quality and written in monograph-form. The book should comprise between 100 – 300 pages.

H. Schill

Triebbildung, Verzweigungsverhalten und Kronenentwicklung junger Fichten und Lärchen

including a comprehensive summary in English

1989

Birkhäuser Verlag
Basel · Boston · Berlin

Anschrift des Autors:

Dr. Harald Schill
Lehrstuhl für Forstbotanik
Universität München
Amalienstrasse 52
D – 8000 München 40

Alle Zeichnungen von Roswitha Vogtman, München

CIP-Titelaufnahme der deutschen Bibliothek
Schill, Harald:
Triebbildung, Verzweigungsverhalten und Kronenentwicklung junger Fichten und Lärchen: including a comprehensive summary in English / Harald Schill. [Alle Zeichn. von Roswitha Vogtmann]. – Basel; Boston; Berlin: Birkhäuser, 1989
(Contributiones biologiae arborum; Vol. 2)
ISBN 978-3-7643-2365-3 ISBN 978-3-0348-7678-0 (eBook)
DOI 10.1007/978-3-0348-7678-0

NE: GT

ISBN 978-3-7643-2365-3

VORWORT

Unter dem Eindruck besorgniserregender Schäden an nahezu allen heimischen Waldbaumarten wurden seit Anfang der achtziger Jahre neue Forderungen an die Morphologie herangetragen.
Ziel morphologisch-symptomatologisch orientierter Waldsterbensforschung war es sowohl den Krankheitszustand und -verlauf zu beschreiben, wie auch die Abgrenzung zwischen dem Krankheitsbild der neuartigen Waldschäden und anderen biotischen und abiotischen Umwelteinflüssen zu ermöglichen. Mangel an Information über die natürliche Streubreite der untersuchten Parameter erschwerte diese Vorhaben jedoch häufig.

Die in diesem Buch geschilderten Untersuchungen beschäftigen sich mit dem Verzweigungsmodus junger Fichten und Lärchen. Für beide Baumarten werden die grundlegenden Vorgänge der Triebbildung beschrieben.
In einem zweiten Untersuchungsschwerpunkt wird der Einfluß endogener und exogener Umweltfaktoren (Witterung, Baumalter, Zuwachs, Stickstoff-Ernährung) auf das Verzweigungsverhalten analysiert.

Mein Dank gilt allen, die zum Gelingen dieses Projektes beigetragen haben. Für die Betreuung und das Interesse am Fortgang der Arbeit danke ich Herrn Prof.Dr.P. Schütt. Herr Dr.H.J. Schuck und Herr Dr.K.J. Lang waren mir immer kritische Ansprechpartner. Für gemeinsam geführte fachliche Diskussionen bedanke ich mich bei Frau Dr.E. Krug, Herrn Dipl.Biol.P. Mack und Herrn Dipl.Forstw.S. Rieger.

München, im Juni 1989 Harald Schill

INHALTSVERZEICHNIS

1. Einleitung

Morphologische Untersuchungen an Wirtschaftsbaumarten standen bis vor wenigen Jahren oft im Zeichen von Produktionssicherung und Produktionssteigerung. Oft war es das Ziel, Frühtests auf Wuchsleistung oder Resistenz auf der Basis morphologischer Merkmale zu entwickeln. Dauer und Art des Triebwachstums (LEIBUNDGUT und KUNZ 1952), Dicke der Borke (ROHMEDER 1971) oder Art der Beastung (SCHMIDT-VOGT 1977) waren morphologische Kriterien die dafür genutzt wurden.

Mit dem Auftreten der neuartigen Waldschäden Anfang der achtziger Jahre änderte sich die Situation grundsätzlich. Im Rahmen der Symptomatologie des Waldsterbens wurden neue Forderungen an die Morphologie herangetragen.
Neben der exakten Beschreibung des aktuellen Krankheitszustandes und des Krankheitsverlaufes sollten Kriterien gefunden werden, die eine eindeutige Abgrenzung zwischen dem Krankheitsbild des Waldsterbens und anderen biotischen und abiotischen Umwelteinflüssen ermöglichen.
Bei vielen neu in die Diskussion eingeführten Symptomen wie Ersatztriebbildung (REHFUESS 1983, KRAMPOL 1983, KRUG und SCHILL 1984, GRUBER 1987b, LIEDEKER et al. 1988), Terminaltriebverkrümmung (BARTELS 1986) und vorzeitiger Triebbildung (SCHÜTT und SCHILL 1985, ROLOFF 1986, GRUBER 1987b) war es zunächst einmal erforderlich die natürliche Streubreite dieser Merkmale zu erfassen.
Erst die eindeutige Ausgrenzung natürlicher endogener und exogener Faktoren auf die Kronenentwicklung ermöglicht dann die quantitative und qualitative Beurteilung pathologischer, waldsterbensbedingter Veränderungen.

Ziel der hier beschriebenen Untersuchungen war es daher zunächst, für junge Fichten und Lärchen die Grundlagen des Verzweigungsverhaltens mit dem Schwerpunkt der **vorzeitigen** Triebbildung zu erarbeiten.
Zu diesem Zweck wurden in zwei oberbayerischen Forstämtern für beide Baumarten eine breit angelegte Grunduntersuchung des Kronenaufbaues durchgeführt.
Weiterhin wurden endogene und exogene Faktoren wie Baumalter, Ernährungszustand, Zuwachsleistung und Witterung im Rahmen von Experimenten und Freilanderhebungen in ihrer Bedeutung für die Bildung von Verzweigungen analysiert.

1.1. Kenntnisstand, Literaturübersicht und Definitionen

Die Entwicklung der Krone von der Jungpflanze bis zum Altbaum ist ein kontinuierlich verlaufender Prozeß. Durch den Knospenaustrieb im Frühjahr werden neue seitliche Triebachsen angelegt und bereits bestehende Triebe verlängern sich um einen Jahrestrieb (Expansionsphase) (Abschn. 3.4., 3.5.). Mit dem Älterwerden der Achse nimmt der jährliche Längenzuwachs laufend ab, bis es zum völligen Ausbleiben der jährlichen Triebbildung kommt (Stagnationsphase) (Abschn. 3.6.). In den Folgejahren führt insbesondere Lichtmangel zum Absterben der photosynthetisch ineffizienten Kronenteile (Absterbephase). Bei herkunftsgleichem Pflanzenmaterial wirken neben individuellen genetischen Unterschieden biotische und abiotische Umweltfaktoren modifizierend auf die Dauer und Intensität der einzelnen Entwicklungsschritte ein.

Die morphologischen und morphogenetischen Grundlagen des oben beschriebenen Grundmodells des Kronenaufbaues sind seit langem bekannt (BÜSGEN und MÜNCH 1927, GOEBEL 1933). Im forstlichen Schrifttum finden sich aber seit Mitte des vorigen Jahrhunderts immer wieder Hinweise auf Abweichungen von der "normalen" periodischen Triebbildung bei Waldbäumen (SCHACHT 1853). Da diese, zunächst mit dem Begriff Johannistrieb beschriebene Erscheinung vorzeitiger expansiver Triebbildung bei den folgenden Untersuchungen eine wichtige Rolle spielt, soll hier genauer auf die Terminologie eingegangen werden.

Erste systematische Untersuchungen über die Formenvielfalt der Triebbildung und -streckung wurden von SPÄTH (1912) an Laubbäumen durchgeführt. Er stellt der **normalen** Laubentfaltung im Frühjahr eine **erneute** Laubentfaltung im Frühsommer gegenüber und unterscheidet dabei zwischen sylleptischer, proleptischer und Johannistriebbildung. Danach entstehen **sylleptische** Triebe während des Wachstums der Mutterachse aus neu gebildeten seitlichen Achselknospen und weisen keine Knospenschuppen an der Triebbasis auf. Sie sind Teile des normalen Triebsystems und treten vorwiegend bei jungen Pflanzen auf. **Johannistriebe** setzen das terminale Längenwachstum in Intervallen fort. Zwischen den Phasen intensiver Triebstreckung liegt eine deutliche Ruhephase. An der Triebbasis des Johannistriebes finden sich Knospenschuppennarben. Sie treten regelmäßig nur an Altbäumen von Eiche und Buche auf und sind normale Teile des Triebsystems dieser Baumarten. Im Gegensatz dazu enstehen **proleptische** Triebe nach völliger Beendigung des Längenwachstums unregelmäßig und vorwiegend aus Endknospen im Anschluß an eine ausgeprägte Ruhephase. Sie sind abnorme Teile des Triebsystems.

HALLE et al. (1978) fassen im Unterschied zu SPÄTH (1912) Johannistriebe und proleptische Triebe zusammen. Nach ihren Untersuchungen an tropischen Gehölzen definieren sie **Syllepsis** als kontinuierliche Weiterentwicklung eines lateralen aus einem terminalen Meristem, ohne daß das laterale Meristem eine Ruheperiode durchlaufen hat. Pro-

lepsis beschreibt die diskontinuierliche Entwicklung (mit Ruheperiode) eines lateralen aus einem terminalen Meristem.

ROLOFF (1984) folgt den von HALLE et al. (1978) festgelegten Definitionen, schränkt jedoch im Fall der **Prolepsis** die Ruhephase auf eine ausschließlich **sommerliche** Unterbrechung im Triebwachstum ein.

MARCET (1984) stellt der proleptischen Triebbildung zur deutlichen Abgrenzung den **retardierten** Knospenaustrieb (= Normalfall des Frühjahrsaustriebes) gegenüber und beschreibt damit den Austrieb der schon im Vorjahr angelegten und bei reduzierter Aktivität **überwinternden** End- und Seitenknospen. Außerdem weist er auf den Unterschied zwischen **terminaler** und **axilliärer** Prolepsis hin.

Unter Berücksichtigung dieser Beobachtungen und aufbauend auf anatomische Studien am Embryonaltrieb in der überwinternden Knospe wurde in neueren Untersuchungen versucht, die Formen sylleptischer und proleptischer Triebbildung auch auf die **terminale** Triebachse zu übertragen. Ausgangspunkt war die Beobachtung, daß beim retardierten Knospenaustrieb (MARCET 1985) zusätzlich zu den in der Knospe bereits angelegten Triebteilen auch am Terminaltrieb im Jahr des Triebwachstums neue Blätter gebildet werden (POLLARD und LOGAN 1976).

REMPHREY und POWELL (1984) fanden bei Larix laricina, daß bei normal entwickelten Terminaltrieben mehr als 50% der Nadeln im Jahr der Triebstreckung neu entstanden waren. Sie bezeichnen den in der Knospe am Embryonaltrieb vorgebildeten Triebabschnitt als **preformed**, den neu gebildeten als **neoformed**.

WÖHLISCH (1984) untergliedert das Terminaltriebwachstum bei Picea abies im Sinne von REMPHREY und POWELL (1984) nach **praedeterminiertem** und **freiem** Wachstum. In Abhängigkeit vom Streckungszeitpunkt des nicht im Embryonaltrieb vorgebildeten Triebteiles fand er zwei Formen freien Triebwachstums. **Proleptisches freies** Wachstum beschreibt die Entstehung von Triebteilen, die aus Knospen nach einer mehr oder weniger langen Pause des Streckungswachstums aus neoformierten Primordien hervorgehen. An ihrer Triebbasis finden sich immer Knospenschuppennarben. Bei **sylleptischem freien** Wachstum ist keine Übergangsstelle zwischen praedeterminiertem und freiem Wachstum erkennbar.

GRUBER (1987a,b) faßt bei Fichte vorzeitige terminale und laterale Austriebsformen zusammen. **Prolepsis** ist hier die vorzeitig extrareguläre Streckung der Knospe bzw. Embryonalknospe. Er verzichtet wegen des nach seiner Meinung unscharfen Unterscheidungskriteriums der Knospenruhe auf eine terminologische Trennung zwischen Syllepsis und Prolepsis und führt die neuen Begriffe der **Früh-** und **Spätprolepsis** ein.

In dieser Arbeit wurde ausschließlich das Austriebsverhalten lateraler Triebe untersucht. Aus diesem Grund wurden die von ROLOFF (1984) festgelegten Definitionen des vorzeitigen Austriebes verwendet (Abschn. 3.1.).

2. Material und Methoden

Die Untersuchungen untergliedern sich in Freilandversuche, Freilanderhebungen und Topfversuche.

2.1. Beschreibung der Untersuchungsorte

In zwei bayerischen Forstämtern wurden Freilanderhebungen durchgeführt (Abb. 1). Die in Tab. 1 aufgeführten Standort- und Bestandesdaten stammen zum größten Teil aus forstamtseigenen Unterlagen.
Für die Untersuchungen wurden im FoA Kipfenberg (Abb. 5) und FoA Thiergarten (Abb. 6) jeweils ein 0,5ha großer Fichten - Lärchen Jungbestand ausgewählt.

Abb.: 1 Geographische Lage der zwei Forstämter in Bayern (K FoA Kipfenberg, T FoA Thiergarten)

Fig.: 1 Location of sample sites

Tab.: 1 Standorts- und Bestandesdaten der Probeflächen

Tab.: 1 Discription of soil, stand and climate

	Kipfenberg	Thiergarten
-**Forstort** :	Dis. Bären-eichet; Abt. Kälbertal	Dis. Geis-lingerschlag Abt. 36/8
-**Standort** :		
Lage		
Höhe ü. NN	480m	490m
Neigung	schwach nach SW	schwach nach S
Klima		
jährl. Nieder-schlagssumme	650mm	760mm
mittl. Jahres-temperatur	7,6° C	7,2° C
Boden		
Bodenart	mäßig trockener Lehm	tiefgr. frischer Lehm
Bodentyp	braune Rendzina	podsol. Braun-erden
-**Bestand**		
Alter	Fi: 5-10 Lä: 7-10	Fi: 5-10 Lä: 7-10

2.2. Morphologische Untersuchungen

2.2.1. Auswahl der Probebäume

Auf den Probeflächen der Forstämter Kipfenberg und Thiergarten wurden im Frühjahr 1985 jeweils 50 ca. 5jährige Fichten und Lärchen zufällig ausgewählt und dauerhaft markiert (Tab. 2). In den Vegetationsperioden 1985-87 wurden an diesen Probebäumen die jährliche Triebbildung am Terminaltrieb und an den Seitenverzweigungen 1.Ordnung erfaßt.
Für detaillierte morphologische Aufnahmen wurden im FoA Kipfenberg im Herbst 1986 je Baumart zusätzlich 20 ca. 10jährige Fichten und Lärchen entnommen. Davon wiesen jeweils 10 Probebäume am einjährigen Terminaltrieb deutlich gestreckte sylleptische Triebe auf. Auch im FoA Thiergarten wurden zum selben Zeitpunkt je Baumart 10 Versuchsbäume ausgewählt. Je Baum wurden vom drei- bis siebenjährigen Terminaltrieb jeweils die vier distalsten Äste entnommen.
An keinem der untersuchten Probebäume waren biotische oder abiotische Schäden erkennbar.

2.2.2. Verwendete Termini und Signaturen

Um eine einheitliche Darstellung der Ergebnisse zu gewährleisten, wurden folgende Termini und Signaturen zur Identfizierung der Triebe verwendet (Abb.2,3).

Abb.: 2 Schematische Darstellung der Verzweigungsordnungen und Austriebsarten

T_0 Terminaltriebachse 0.Ordnung
S_1 Seitentrieb 1.Ordnung
S_2 Seitentrieb 2.Ordnung
S_n Seitentrieb n-ter Ordnung
r regulär entstandener Trieb
s sylleptisch entstandener Trieb
n nachzeitig entstandener Trieb
a Trieb mit eingestelltem Längenwachstum
K Knospe

Fig.: 2 Branching orders and types of shoot formation

T_0 terminal axis
S_1 - S_n order 1 to order n lateral shoot
r regular shoot
s sylleptic shoot
n retarded shoot
a shoot with ceased growth

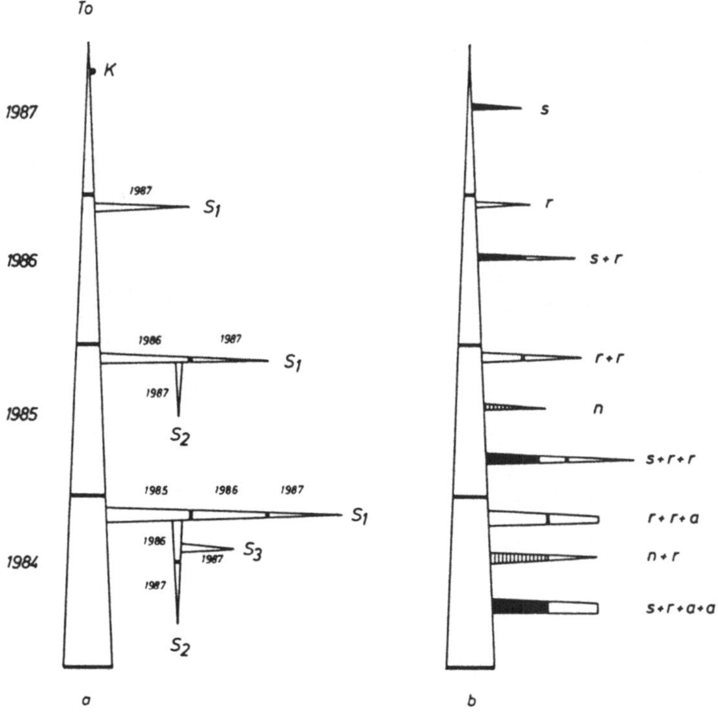

Definitionen:

- Seitenverzweigungen 1.Ordnung (S_1) werden als Äste oder als Lateraltriebe bezeichnet
- nach dem Jahr ihrer Entstehung wurde allen Trieben das entsprechende Alter zugeordnet (Bsp.: Terminaltrieb T_0 1985 = 3jährig)

Abb.: 3 Schematische Darstellung der verwendeten morphologischen Termini

Fig.: 3 Illustration of morphological terms (schematic)

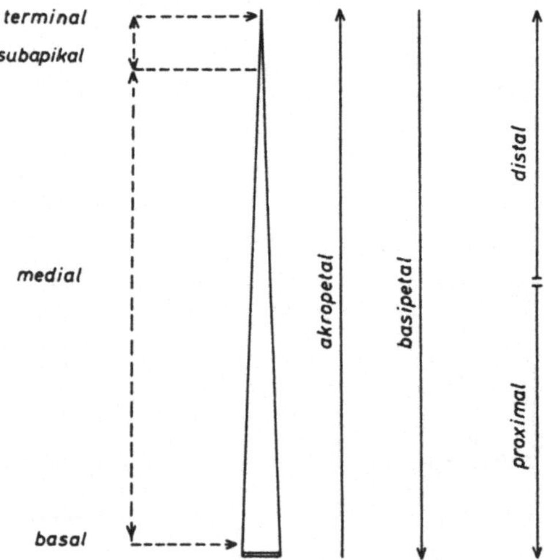

2.2.3. Ermittlung morphologischer Kennwerte

An den Probebäumen wurden abhängig vom Untersuchungsziel verschiedene morphologische Kennwerte erhoben.

Trieblängenentwicklung und Austriebsverhalten:
In der Vegetationsperiode 1986 wurden an Terminaltrieben und an den vier distalsten einjährigen Ästen von zehn 5jährigen Jungbestandsfichten und 50 getopften 4jährigen Lärchen wöchentlich Längenmessungen (Meßgenauigkeit 0,5cm) durchgeführt. Vorzeitige und nachzeitige Triebbildungen wurden nach dem Zeitpunkt ihres Auftretens erfaßt und ihr Längenwachstum - soweit vorhanden - gesondert aufgenommen.

Verzweigungsverhalten und Kronenaufbau:
An jeweils 10 der im FoA Kipfenberg je Baumart für morphologische Grunduntersuchungen entnommenen Bäumen wurden folgende Parameter genauer untersucht:

1. Terminaltrieblängen von 1980 bis 1987 (in cm)
2. Ansatzstelle und Entstehungsart der Äste am Terminaltrieb
3. Länge der Jahrestriebe an den Ästen (in cm)
4. Zahl und Ansatzstelle von Verzweigungen 2. und höherer Ordnung
5. Stichprobenartige Trieblängenmessungen an Verzweigungen 2. und höherer Ordnung (in cm)

An weiteren 10 Probebäumen je Baumart wurde das Verzweigungsverhalten nur anhand von Stichproben erfaßt. Die pro drei- bis siebenjährigen Terminaltrieb entnommenen vier distalsten Äste wurden mit Ausnahme von Punkt 1. und 2. nach vorgenanntem Schema ausgewertet. Gleiches galt für die im FoA Thiergarten entnommenen Stichprobenäste.

Knospengröße und Knospenzahl:
Zahl und Größe der Knospen wurde nur an diesjährigen

Jahrestrieben der verschiedenen Verzweigungsordnungen ermittelt. Länge und Breite der Knospen wurde mit einer Schieblehre (Genauigkeit 0,1mm) gemessen.

Nadelgewicht:

Die Nadelproben stammten von den 10 Probelärchen der Grunduntersuchung. An einem 10cm langen Abschnitt des diesjährigen Terminaltriebes sowie eines diesjährigen Lateraltriebes 1.Ordnung, wurden jeweils 100 Langtriebnadeln gewonnen (Abb.4). Am letztjährigen Terminaltrieb sowie am entsprechenden Jahrestrieb eines zweijährigen Lateraltriebes 1.Ordnung wurden auf 15cm Trieblänge 10 Kurztriebe entnommen.

Abb.: 4 Schema der Probenahme von Kurztrieben und Langtriebnadeln bei Lärche (▒ untersuchter Probeabschnitt; ⟶ Entfernung von der Triebbasis)

Fig.: 4 Sampling scheme for needle-weight investigations

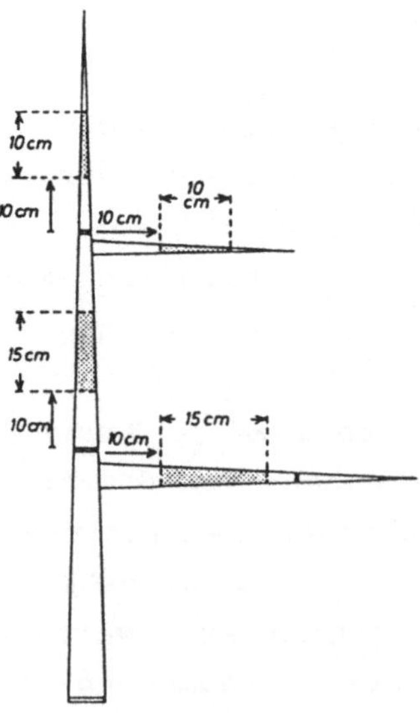

Das Nadelmaterial wurde bei 105°C 24Std lang getrocknet und anschließend mit einer Analysenwaage auf 0,01g genau gewogen.

2.3. Wachstumskundliche Untersuchungen

Von den 10 Probelärchen der Grunduntersuchung (FoA Kipfenberg) und den 10 Lärchen der Stichprobenuntersuchung (FoA Thiergarten) wurden jeweils in 40cm Baumhöhe eine Stammscheibe entnommen.
Die Ermittlung des jährlichen Radialzuwachses erfolgte mit dem Videoplan (Fa. Kontron) bei 10facher Vergrößerung. Je Stammscheibe wurden vier Radien gemessen.

2.4. Experimentelle Untersuchungen

2.4.1. Düngeversuche

Bestands- und Topfdüngungsversuche wurden mit Kalkammonsalpeter (Firma Baywa; 27% Gesamtstickstoff) durchgeführt. Die von Hand ausgebrachten Düngermengen waren zuvor abgewogen worden. Drei mengenmäßig verschiedene Düngervarianten kamen zur Anwendung.
Es war nicht Ziel der Versuche, durch die Gabe verschiedener Düngermengen einen gerichteten Effekt von der Kontrolle bis zur mengenmäßig stärksten Variante zu erzielen. Zunächst sollte nur untersucht werden, ob Stickstoffdüngung einen Einfluß auf die vorzeitige Verzweigung von jungen Lärchen und Fichten hat.

2.4.1.1. Topfdüngung

Im April 1985 wurden 40 dreijährige Lärchen einzeln in 10l Mitscherlichgefäße getopft. Als Substrat diente Gartenerde. Um den Einfluß des Pflanzschocks auszuschließen, wurde mit der Düngung erst in der folgenden Vegetationsperiode begonnen.
Mit dem Aufbrechen der Knospen wurden am 02.05.1986 jeweils 10 Pflanzen mit 10g, 20g bzw. 30g Kalkammonsalpeter gedüngt. Am 28.05. wurde mit den gleichen Mengen eine zweite Düngung durchgeführt. Alle Versuchspflanzen verblieben während des gesamten Beobachtungszeitraumes im Freien und wurden nach Bedarf ein- bis zweimal wöchentlich gegossen.
Nach der unter Abschn. 2.2.3. beschriebenen Methode wurden die Kontrollpflanzen sowie die Pflanzen der drei Düngervarianten in der Vegetationsperiode 1986 wöchentlich vermessen.

2.4.1.2. Bestandsdüngung

In der Vegetationsperiode 1986 wurden in den FoA Thiergarten und Kipfenberg Freilanddüngungsversuche durchgeführt. Bedingt durch die Bestandesstruktur erfolgte die Düngung bei Lärche an 40 Einzelbäumen, bei Fichte auf vorher markierten Probeflächen (Größe 8x8m). Im Fall der Einzelbaumdüngung wurde die entsprechend berechnete Düngermenge auf einer Kreisfläche von ca. 7m² (Radius = 1,5m) um den Stamm ausgebracht. Zwischen den Probeflächen bzw. bis zum nächsten gedüngten Einzelbaum wurde ein Mindestabstand von 5m eingehalten (Abb. 5,6).
Bei beiden Baumarten wurden drei Düngervarianten von 200kg/ha, 300kg/ha und 400kg/ha festgelegt. Mit jeweils der Hälfte der angeführten Düngermengen erfolgten die beiden Düngungen am 07.05. und 03.06. im FoA Kipfenberg und am 09.05. und 04.06. im FoA Thiergarten.

Mitte Oktober 1986 und 1987 wurden alle Probebäume nach der unter Abschn. 2.2.3. beschriebenen Methode aufgenommen.

Abb.: 5 Lage der Kontroll- und Düngeflächen im FoA Kipfenberg für Fichten und Lärchen (Fi: Fichte, Lä: Lärche; K: Kontrolle, 200kg/ha, 300kg/ha, 400kg/ha: ausgebrachte Düngermenge; N = Baumzahl/Behandlung

Fig.: 5 Location of fertilization plots in Kipfenberg (Fi: Norway spruce, Lä: European larch)

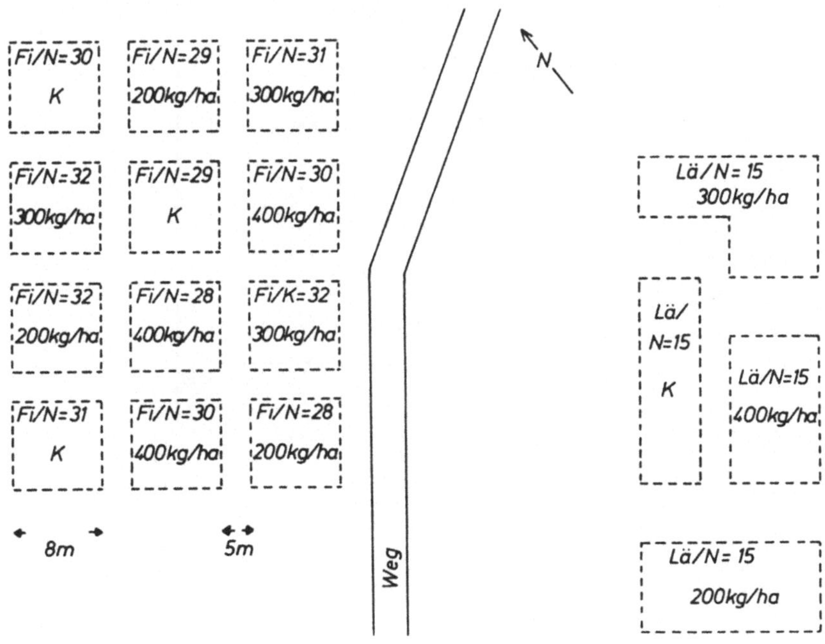

Abb.: 6 Lage der Kontroll- und Düngeflächen im FoA Thiergarten für Fichten und Lärchen (Fi: Fichte, Lä: Lärche; K: Kontrolle, 200kg/ha, 300kg/ha, 400kg/ha: ausgebrachte Düngermenge; N = Baumzahl/Behandlung

Fig.: 6 Location of fertilization plots in Thiergarten (Fi: Norway spruce, Lä: European larch)

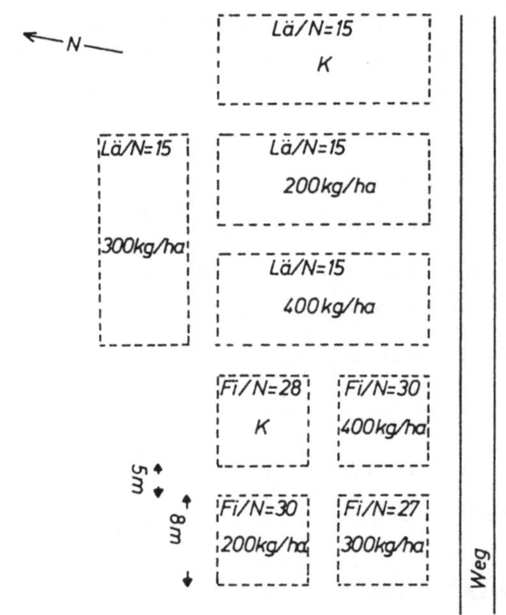

2.4.2. Gaschromatographie

Da in den beiden Forstämtern keine Unterlagen über das verwendete Pflanzenmaterial vorlagen, wurden zur Beurteilung der Herkunftsfrage bei Lärche Monoterpenanalysen durchgeführt. Im November 1986 wurden jeweils von 20 Probebäumen je eine Astprobe entnommen. Als Stichprobe diente der distalste dreijährige Ast am vierjährigen Terminaltrieb.
Vom einjährigen Jahrestrieb wurden bei der weiteren Probenaufbereitung aus dem medialen Triebabschnitt mehrere ca. 0,5cm lange, knospenfreie Triebstücke grob zerkleinert und getrennt in Glasröhrchen (Volumen $3cm^3$) gefüllt. Die mit einem Gummistopfen verschlossenen Röhrchen wurden im Wärmeschrank 5 Minuten bei $100°C$ erhitzt. Mit einer Gasspritze wurden $1\text{-}2cm^3$ des Luft-Terpengemisches entnommen und in den Gaschromatographen eingegeben (LANG 1976, 1987). Weitere Angaben bei SCHILL (1988).

Die Komponenten des Terpengemisches wurden durch einen elektronischen Digitalintegrator in Prozentanteilen an der Gesamtpeakfläche erfaßt. Chromatogramme von Vergleichssubstanzen dienten zur Identifizierung der Peaks.

2.4.3. Nährelementanalysen

Nach der von FIEDLER und MÜLLER (1973) und von KRIVAN und SCHALDACH (1986) vorgeschlagenen Methode wurden im August 1986 für Lärche und im Oktober 1986 für Fichte Nadelproben entnommen. Bei beiden Baumarten dienten jeweils die beiden distalsten, nach Westen exponierten einjährigen Äste als individuelle Stichprobe. Getrennt nach Probebäumen wurden die Triebe bei Zimmertemperatur bis zum Abfallen der Nadeln getrocknet, und die so gewonnenen Nadelproben bis zur weiteren Verarbeitung in Papiertüten gelagert.

Pro Baumart, pro Düngervariante und auf den Kontrollflächen wurden jeweils Nadelproben von 15 Probebäumen ausgewertet (Gesamtprobenzahl/FoA und Baumart N=60). Zur quantitativen Erfassung der Oberflächendeposition wurde je Probe die Hälfte der Nadeln von den Kontrollflächen (Gesamtprobenzahl/FoA und Baumart N=15) nach dem von KRIVAN und SCHALDACH (1986) beschriebenen Verfahren in Chloroform gewaschen (30sek bei andauerndem Schütteln).

Die Nährelementanalysen führte die GSF München, Neuherberg im Jahr 1987 durch. In der Trockensubstanz der gemahlenen Nadeln wurden dabei die Elementgehalte nach folgenden Verfahren bestimmt:

- N : CHN-Analyser; Carlo Erba Mod.1500
- Pb: Gravitrohr-AAS, Zeeman Untergrund Kompensation; Perkin -Elmer 3030
- P, Ca, K, Mg, Al, Mn, S, Cu : ICP - AES; Instruments S.A. JY381

Tab.: 2 Anzahl der in den FoA Kipfenberg (K) und Thiergarten (T) je nach Untersuchungsziel aufgenommenen Probebäume

Tab.: 2 Number of sample trees used for different investgations

	Fichte		Lärche	
	K	T	K	T
morphologische Grunduntersuchung jährliche Triebbildung im Bestand	50	50	50	50
morphologische Detailuntersuchung	20	10	20	10
-Jahrestrieblängen und Verzweigungsverhalten (Vollaufnahme des Gesamtbaumes)	10	-	10	-
-Jahrestrieblängen und Verzweigungsverhalten (Stichprobenäste)	10	10	10	10
-Knospengröße/-zahl	10	10	10	10
-Nadelgewicht	-	-	10	10
-Jahrringbreite	-	-	10	10
Bestandsdüngung	360	120	60	60
Gaschromatographie	-	-	20	20
Nährelementanalysen	60	60	60	60

2.5. Statistische Auswertung

Die Aufbereitung und Auswertung der Daten wurde mit den Programmpaketen SPSSPC+ (NORUSIS 1986) und BMDP (DIXON 1985) durchgeführt. Soweit erforderlich wurden die Daten auf Normalverteilung überprüft. Je nach dem zu bearbeitenden Datenmaterial wurden die statistischen Verfahren des U-Tests, des Chi-Quadrat Tests, des T-Tests, der Regressions- und der Varianzanalyse angewandt.
Die Signifikanzgrenze für die Zurückweisung der Null-Hypothese wurde auf p=0,05 festgelegt.

3. Ergebnisse

3.1. Kennzeichen der Austriebs- und Verzweigungsformen

Die im folgenden verwendeten Bezeichnungen für den vorzeitigen, den regulären und den nachzeitigen Austrieb sowie für die darauf zurückgehenden Verzweigungen sind ausschließlich im Sinn einer zeitlichen Reihenfolge zu verstehen. Aussagen über die Funktion oder die Bedeutung der einzelnen Austriebsarten für den Kronenaufbau sind damit nicht verbunden.

3.1.1. Vorzeitiger Austrieb

Der von SPÄTH (1912) festgelegten und von ROLOFF (1986) modifizierten Definition folgend, können zwei Grundtypen vorzeitiger Triebbildung unterschieden werden:

- sylleptischer Austrieb (Syllepsis) : während des Längenwachstums der Mutterachse entstehen Seitentriebe aus lateralaxialen Meristemen, die kein Knospenstadium durchlaufen haben. An ihrer Triebbasis finden sich keine Knospenschuppennarben (syn. : axilliäre Syllepsis).
- proleptischer Austrieb (Prolepsis) : nach einer ein- bis mehrwöchigen sommerlichen Ruhepause treiben die in der laufenden Vegetationsperiode neu angelegten, voll ausgebildeten Seitenknospen zu Seitentrieben aus. Knospenschuppennarben sind an ihrer Triebbasis deutlich erkennbar (syn. : axilliäre Prolepsis).

3.1.1.1. Fichte

Syllepsis:
Die Bildung sylleptischer Seitentriebe an einjährigen Terminaltrieben junger Fichten ist ein kontinuierlich

verlaufender Prozeß. An einem Terminaltrieb können gleichzeitig alle Übergangsformen zwischen rein regulären Lateralknospen (Abb.7-1) und mehreren Dezimeter langen sylleptischen Trieben, die die Terminalknospe deutlich übergipfeln (Abb.7-5), auftreten.

Reguläre Lateralknospen sitzen jeweils in der Achsel eines Tragblattes. Sie liegen der Mutterachse direkt an (Abb.:7-1a). Bei schwacher sylleptischer Triebbildung werden am Grund der Knospe zunächst einige wenige Nadeln gebildet (Abb.7-2b). Bei weiterer Streckung steigt die Nadelzahl an und das Wachstum der lateralen sylleptischen Triebachse setzt ein (Abb.7-3c). Dabei gehen die Mutterachse und der anfänglich nur wenige Millimeter lange sylleptische Trieb nahtlos ineinander über (vgl. Prolepsis). Endknospen sylleptischer Triebe sind deutlich größer als reguläre Lateralknospen.
Nimmt das Längenwachstum weiter zu, so orientieren sich die sylleptischen Triebe mehr und mehr orthotrop . An ihrer Achse werden seitliche Knospen angelegt, im Gegensatz zu regulären Trieben fehlen jedoch basal inserierte Knospen (Abb.:7-4). GRUBER (1987b) nennt weiterhin die hyperplasmatische Struktur der Nadeln als eindeutiges Kennzeichen sylleptischer Triebe.

Abb.:7 Intenstitätsstufen sylleptischer Triebbildung bei Fichte
1 Terminaltrieb ohne sylleptische Triebe (1:9)
1a reguläre Lateralknospe
2/3 Terminaltriebe mit schwacher sylleptischer Triebbildung (1:9)
2b Lateralknospe mit wenigen basalen Nadeln
3c Lateralknospe mit vermehrter Zahl basaler Nadeln (1:2)
4 Terminaltrieb mit deutlicher sylleptischer Triebbildung (1:10)
4d, 4e sylleptische Triebe mit unterschiedl. Längenwachstum
5 Extremfall sylleptischen Triebwachstums am Terminaltrieb : Übergipfelung der Terminalknospe (1:11,5)
(bK: basaler Knospenkranz)

Fig.:7 Types of sylleptic shoot formation in Norway spruce
1 Terminal leader without sylleptic shoots
1a regular lateral bud
2/3 Terminal leader with weak sylleptic shoot formation
2b Lateral bud with few basal needles
3c Lateral bud with several basal needles
4 Terminal leader with obvious sylleptic shoot formation
4d, 4e sylleptic shoots
5 Extreme sylleptic shoot formation; sylleptic shoots longer than terminal leader

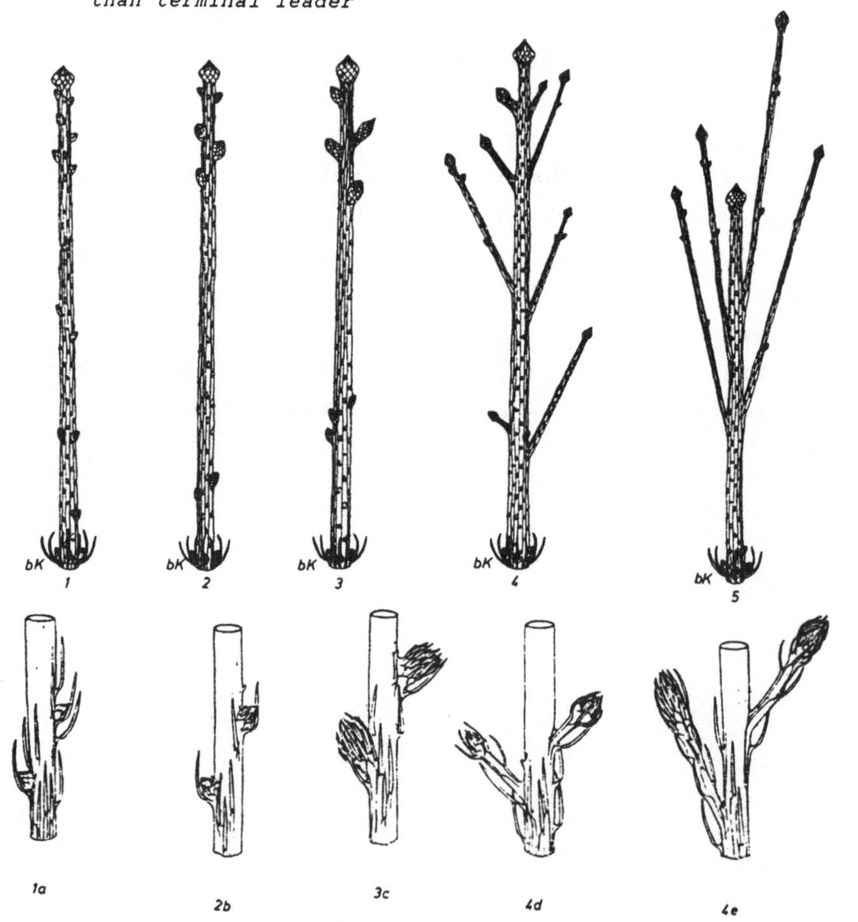

Das Längenwachstum sylleptischer Triebe setzt Mitte Juni ein (Abb.8). Die exemplarisch für zwei sylleptische Triebe dargestellten Wachstumskurven zeigen einen sigmoiden Kurvenverlauf. Nach einer etwa einwöchigen "Anlaufphase" nimmt das Längenwachstum bis Anfang August stark zu. Ab Anfang September stellen sylleptische Triebe ihr Streckungswachstum ein.

Abb.:8 Längenwachstum von zwei sylleptischen, diesjährigen Trieben 1.Ordnung bei Fichte (Mai bis September 1986)

Fig.:8 Longitudinal growth of two this-year sylleptic shoots in Norway spruce (May-September 1986)

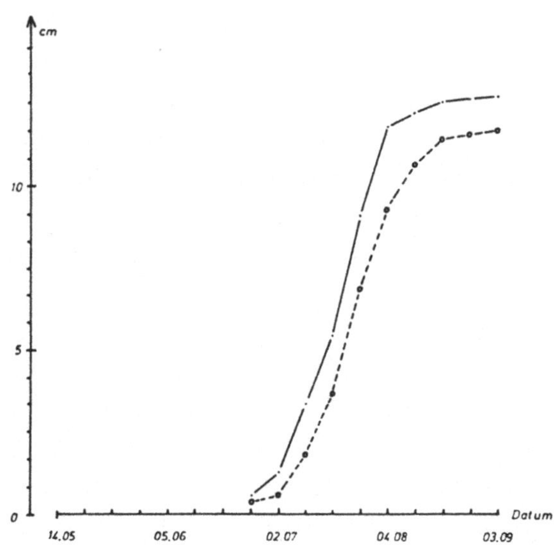

Prolepsis:

Proleptische Triebbildung konnte im Beobachtungszeitraum nur an zwei Individuen in der ersten Augustwoche 1986 festgestellt werden. Aus den Spitzenknospen der beiden distalsten, regulär entstandenen Lateraltriebe 1.Ordnung waren jeweils etwa 7cm lange Triebe hervorgegangen. Sie wiesen deutlich Knospenschuppennarben und einen Kranz basaler Seitenknospen auf. In Nadelgröße und -form bestand kein Unterschied zu regulären Trieben.

3.1.1.2. Lärche

Syllepsis:

Ähnlich wie bei Fichte verläuft die Anlage und das Wachstum sylleptischer Triebe an diesjährigen Langtrieben kontinuierlich. Zwischen regulären Lateralknospen (Abb.9-1) und der Entstehung bis über 40cm langer sylleptischer Triebe (Abb.9-2) lassen sich folgende Zwischenstufen unterscheiden.

Bei schwacher sylleptischer Triebbildung werden an der regulären Lateralknospe 2-5 Nadeln ausgebildet (Abb.9-a). Unterbleibt bei zunehmender Nadelzahl die Triebstreckung weiterhin, so ordnen sich die Nadeln rosettig um die Knospe an (kurztriebähnlicher sylleptischer Trieb)(Abb.9-b).

Bei beginnender sylleptischer Triebstreckung geht die sylleptische Triebachse ohne Übergang aus der regulären Achse hervor (Abb.9-c). Kürzere sylleptische Triebe sind plagiotrop orientiert.

Mit zunehmender Trieblänge ist ein Übergang zu orthotropem Wachstum feststellbar.

Ab einer Trieblänge von 1-2cm werden an der sylleptischen Triebachse selbst Seitenknospen angelegt (Abb.:9-2).

Häufig sind an einem Jahrestrieb gleichzeitig alle Entwicklungsstadien zu beobachten.

Syllepsis bleibt nicht auf den Terminaltrieb beschränkt. Auch diesjährige Jahrestriebe an ein- bis dreijährigen Ästen weisen häufig sylleptisch entstandene Triebe auf.

Abb.:9 Intensitätsstufen sylleptischer Triebbildung bei Lärche
1 Terminaltrieb ohne sylleptische Triebentwicklung (1:7)
2 Terminaltrieb mit deutlicher sylleptischer Triebbbildung (1:8)
a schwache sylleptische Triebbildung (2-5 Nadeln an der regulären Lateralknospe, 1:2)
b schwache sylleptische Triebbildung (vermehrte Nadelzahl; Nadeln rosettig, 1:2)
c sylleptischer Trieb mit deutlichem Längenwachstum (1:2)

Fig.:9 Types of sylleptic shoot formation in European larch
1 Terminal leader without sylleptic shoots
2 Terminal leader with pronounced sylleptic shoot formation
a weak sylleptic shoot formation (2-5 needles at the base of the regular lateral bud
b weak sylleptic shoot formation (higher number of needles; needles arranged rosettely)
c sylleptic shoot with evident elongation

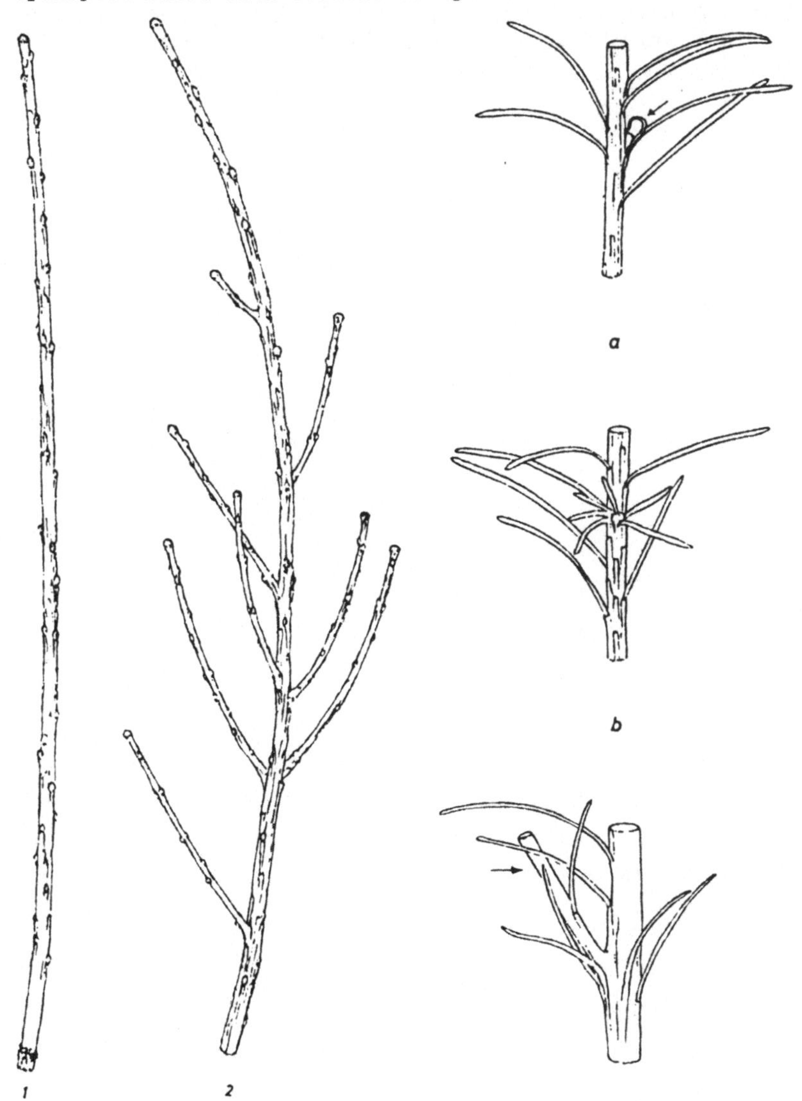

Das Längenwachstum sylleptischer Triebe setzt ca. 6-7 Wochen nach Vegetationsbeginn ein (Abb.10). Die beiden exemplarisch dargestellten Summenkurven zeigen, daß das Streckungswachstum bis Anfang August gleichmäßig verläuft. Später nimmt der Längenzuwachs sylleptischer Triebe deutlich ab.

Abb.:10 Längenwachstum von zwei sylleptischen, diesjährigen Trieben 1.Ordnung bei Lärche (Mai bis September 1986)

Fig.:10 Longitudinal growth of two sylleptic this-year shoots in European larch (May-September 1986)

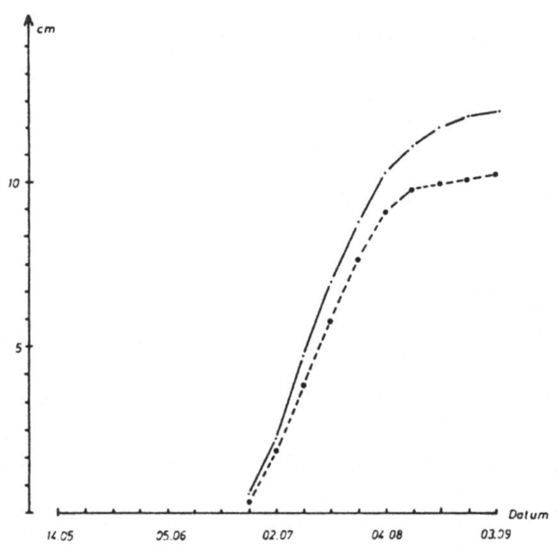

Prolepsis:

Die Enstehung proleptischer Langtriebe blieb auf Einzelfälle beschränkt. Nur an 3 von 50 Probebäumen waren Anfang August 1986 aus jeweils einer regulären Lateralknospe am einjährigen Terminaltrieb ein proleptischer

Trieb hervorgegangen. Sie entwickelten bis zum Ende der Vegetationsperiode eine Länge zwischen 5 und 9cm.
Zur vollständigen Darstellung aller bei Lärche auftretenden Austriebsmuster soll kurz auf die **Kurztriebprolepsis** verwiesen werden. Bei allen Probebäumen war vereinzelt zu beoachten, daß ab Ende Juli zwischen den Knospenschuppen der Endknospen von Kurztrieben einige wenige, stark gekrümmte Nadeln hervorbrachen. Sie blieben im Regelfall bis zum Ende der Vegetationsperiode deutlich kürzer und heller, als die im Frühjahr entstandenen Kurztriebnadeln (Abb.:11). Nur in zwei Fällen entwickelte sich im gleichen Jahr aus diesem Anfangsstadium ein zweiter, vollständiger Kurztrieb (Doppelrosette).

Abb.:11 Kurztriebprolepsis bei Lärche

Fig.:11 Short-shoot prolepsis in European larch

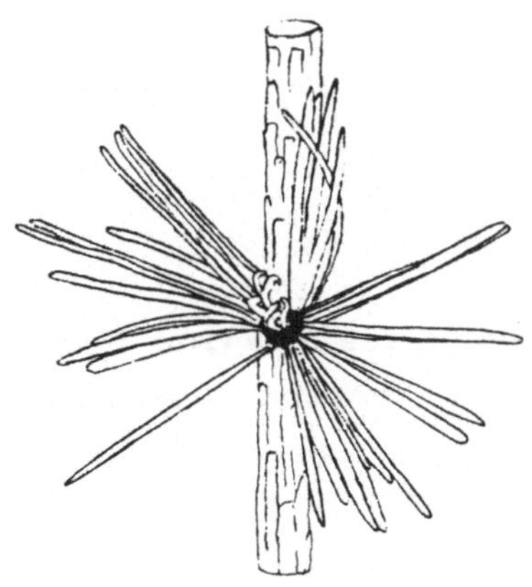

3.1.1.3. Vergleich zwischen Fichte und Lärche

Sylleptische Triebbildung ist bei jungen Fichten und Lärchen ein häufig auftretendes und kontinuierlich verlaufendes Phänomen vorzeitiger Triebentwicklung. Nur an 8% der **Fichten**terminaltriebe (N=50) fehlten sylleptische Triebe völlig. Bei **Lärche** wiesen 96% der untersuchten Terminaltriebe (N=50) zumindest Anfangsstadien sylleptischer Triebbildung auf.

Proleptische Triebbildung blieb bei beiden Baumarten auf Ausnahmen beschränkt.

3.1.2. Regulärer Austrieb

Reguläre Seitentriebe entstehen im Jahr x+1 aus im Vorjahr x angelegten Knospen (syn.: axilliärer Regulärtrieb).

3.1.2.1. Fichte

Mit Ausnahme der Knospen des basalen Knospenkranzes entstehen i.d.R. aus allen, terminal und axilliär angelegten Knospen Jahrestriebe. Tritt keine sylleptische terminale Triebverlängerung (s. 1.2.) auf, so streckt sich der in der Knospe bereits angelegte Embryonaltrieb innerhalb weniger Wochen (Abb.:12). Das Längenwachstum regulärer Triebe zeigt einen typischen sigmoiden Kurvenverlauf.

Abb.:12 Längenwachstum von zwei regulären, diesjährigen Trieben 1. Ordnung bei Fichte (Mai-September 1986)

Fig.:12 Longitudinal growth of two regular this-year shoots of first order in Norway spruce (May-September 1986)

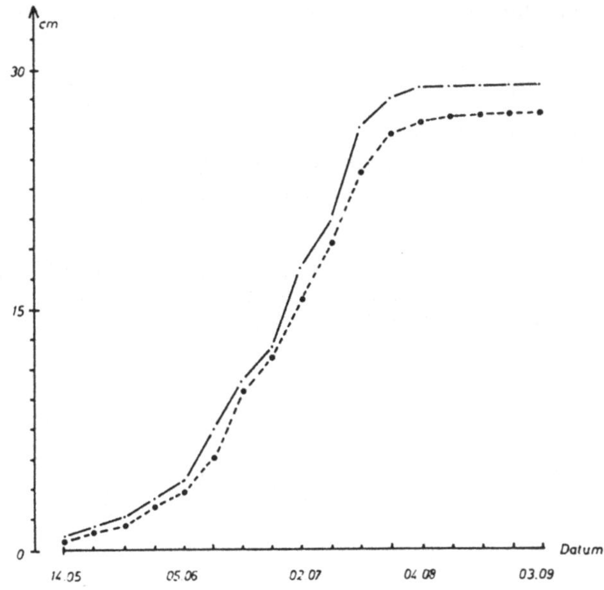

Die Längenentwicklung regulär entstandener Triebe ist in allen Kronenteilen akroton gefördert. Seitenverzweigungen 1.Ordnung sind weitgehend radiärsymmetrisch um den Terminaltrieb verteilt. Verzweigungen 2. und höherer Ordnung weisen eine deutlich amphitone Förderung auf.

3.1.2.2. Lärche

Am vorjährigen Langtrieb entwickeln sich aus der Endknospe sowie aus Seitenknospen im oberen Langtriebabschnitt wiederum Langtriebe. Basipetal folgende Knospen treiben zu Kurztrieben aus. In Langtriebknospen ist nur ein geringer Teil des nächstjährigen Triebes vorgebildet (BÜSGEN und MÜNCH 1927). REMPHREY und POWELL (1984) fanden, daß bei ungestörtem Triebwachstum mehr als die Hälfte der Langtriebnadeln neu entstanden waren. Im Gegensatz dazu sind in Kurztriebknospen i.d.R. bereits alle Nadeln angelegt. Die Triebachse verlängert sich hier jährlich nur um ca. 1mm.

Das Längenwachstum von Langtrieben steigt zunächst nahezu linear an und flacht gegen Ende der Vegetationsperiode ab (Abb.:13).

Abb.:13 Längenwachstum von zwei regulären, diesjährigen Trieben 1. Ordnung bei Lärche (Mai - September 1986)

Fig.:13 Longitudinal growth of two regular this-year shoots of first order in European larch (May-September 1986)

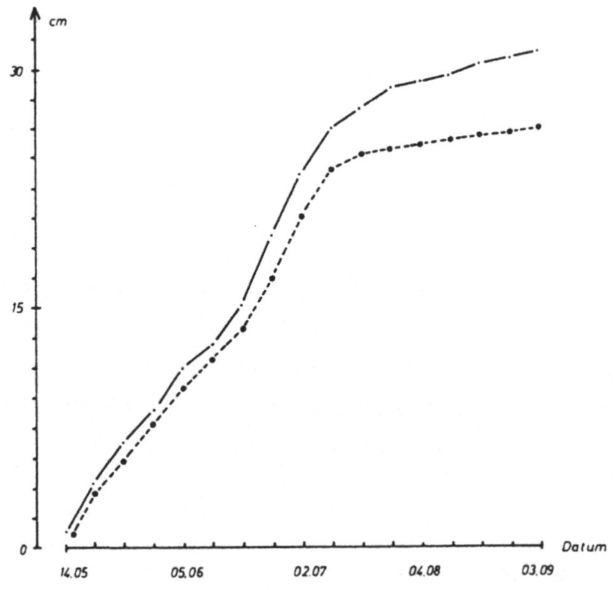

Die räumliche Verteilung von Lang- und Kurztrieben sowie das Längenwachstum der Langtriebe ist akroton gefördert. Seitenverzweigungen 1.Ordnung stehen radiärsymmetrisch am Terminaltrieb. Verzweigungen 2. und höherer Ordnung sind amphiton gefördert.

3.1.2.3. Vergleich zwischen Fichte und Lärche

Die Verteilungsmuster von Verzweigungen 1. und höherer Ordnung sowie deren akrotone Förderung sind bei beiden Baumarten gleich. Langtriebe von **Lärche** zeigen gegenüber **Fichte** ein länger anhaltendes Längenwachstum.

3.1.3. Nachzeitiger Austrieb

Nachzeitige Triebe entstehen aus Knospen, die im Jahr x angelegt werden und frühestens im Jahr x+2 zu Langtrieben austreiben. Für die nachzeitige Triebbildung stehen somit die an dreijährigen und älteren Jahrestrieben verbliebenen Knospen zur Verfügung.
Verspätete Triebbildung durch die Entstehung neuer Knospen (syn. Adventivtriebe), insbesondere nach Verletzung (FINK 1980), wurde nicht berücksichtigt.

3.1.3.1. Fichte

Nachzeitige Seitentriebe (syn. Proventivtriebe) enstehen aus im Ruhestadium verharrenden Knospen. Derartige Proventivknospen, die im Unterschied zu Adventivknospen stets mit dem Mark des Triebes in Verbindung stehen, und auch als schlafende Knospen (BÜSGEN und MÜNCH 1927) oder als unterdrückte Knospen (GRUBER 1987a) bezeichnet werden, finden sich vorwiegend an der Basis des Jahrestriebes. Proventivtriebbildung aus medialen Knospen tritt selten auf (KRUG und SCHILL 1984, GRUBER 1987a).

Die Häufigkeit proventiv entstandener Triebe nimmt von Verzweigungen 1.Ordnung zu Verzweigungen 2.Ordnung deutlich ab (KRUG und SCHILL 1984). Proventivtriebe an älte-

ren Terminaltrieben sind nur in Einzelfällen zu beobachten (Abschn. 3.2.2.3.1.).
Unabhängig vom Alter des Jahrestriebes und der Verzweigungsordnung neigen auf der Astoberseite inserierte Proventivknospen stärker zur Proventivtriebbildung als entsprechende Knospen auf der Astunterseite (epitone Förderung). Zumindest in den ersten beiden Jahren ist die Wuchsrichtung proventiver Triebe orthotrop. Sie geht in den Folgejahren in eine plagiotrope Wuchsrichtung über (KRAMPOL 1983, KRUG und SCHILL 1984, GRUBER 1987a).
Unter der Voraussetzung, daß an allen Seitentrieben eine intakte Endknospe vorhanden ist, weisen am gleichen Trieb inserierte Proventivtriebe gegenüber regulär gebildeten Trieben mindestens einen Jahrestrieb weniger auf (Abb.14a). Wird jedoch ausschließlich dieses Kriterium zur Trennung der beiden Triebarten herangezogen, so werden auch reguläre Seitenverzweigungen, die ein- oder mehrmals mit dem Längenwachstum ausgesetzt haben, fälschlicherweise den Proventivtrieben zugerechnet. Eine eindeutige Unterscheidung nach der Zahl der Jahrestriebe, insbesondere in älteren Kronenteilen ist daher nur möglich, wenn zum Beobachtungzeitpunkt proventive als auch reguläre Triebe den diesjährigen, in Nadel- und Rindenfarbe deutlich helleren Jahrestrieb aufweisen. Da einmal ausgesetzte Triebe ihr Längenwachstum nicht wieder aufnehmen (Abschn. 3.6.) kann in diesem Fall durch Differenzbildung zwischen der Jahrestriebzahl am regulären und proventiven Trieb der Austriebszeitpunkt des Proventivtriebes ermittelt werden.
Fehlt der diesjährige Jahrestrieb, so ist die Altersbestimmung proventiver Triebe mit Hilfe der Jahrringzahl auf Grund ausfallender Jahrringe nicht möglich (KRUG und SCHILL 1984).

3.1.3.2. Lärche

HARTIG (1840) beschreibt die Lebensdauer von Kurztrieben mit durchschnittlich 5-6 Jahren. Nach KIRCHNER (1908) und GOEBEL (1933) werden sie danach von der Rinde überwachsen. Das Austreiben derart entstandener Proventivknospen konnte an den bis zu 10jährigen Probebäumen nicht beobachtet werden.
Im Gegensatz dazu trat nachzeitige Langtriebbildung durch das Durchtreiben von Kurztriebknospen, wenn auch nur in Einzelfällen, bei allen Probebäumen auf. Sie stellt einen Sonderfall nachzeitiger Triebbildung dar. Zwar verlängern sich die Kurztriebe jährlich um wenige Millimeter, die Streckung zum Langtrieb erfolgt jedoch spontan und im Vergleich zu den an der gleichen Triebachse inserierten regulären Trieben nachzeitig.
Diese Austriebsform ist auf Terminaltriebe und Verzweigungen 1.Ordnung beschränkt. Nachzeitige Langtriebe sind epiton gefördert und orthotrop orientiert. Da durchgetriebene Kurztriebe nur an drei- und vierjährigen Jahrestrieben auftraten, war die Altersbestimmung in jedem Fall eindeutig möglich (Abb.14b).

Abb.: 14 Nachzeitige Triebbildung; a) einjähriger und zweijähriger Proventivtrieb am vierjährigen Jahrestrieb bei Fichte; b) zwei einjährige durchgetriebene Kurztriebe am vierjährigen Jahrestrieb bei Lärche (▬ Kurztrieb)

Fig.: 14 Retarded shoot formation; a) 1- and 2-years old proventitious shoot at the base of a 4-years old parent shoot in Norway spruce; b) two 1-year old shoots formed by elongation of short shoot on a 4-year old parent shoot (▬ short shoot)

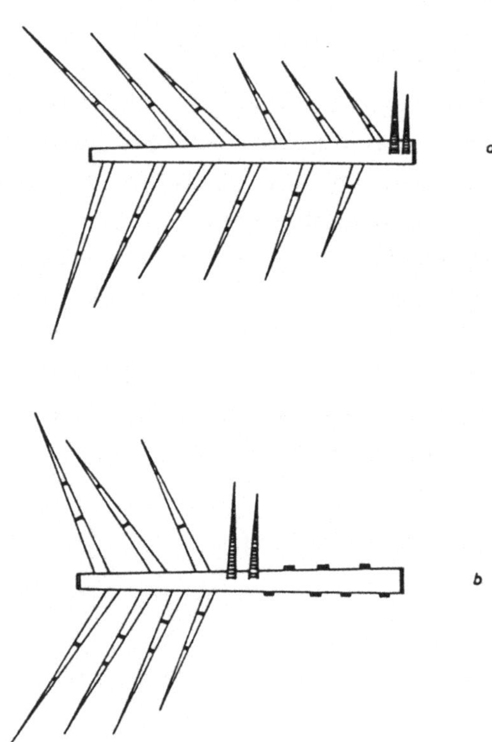

3.1.3.3. Vergleich zwischen Fichte und Lärche

Nachzeitig entstandene Langtriebe zeigen bei jungen **Fichten** und **Lärchen** in Bezug auf Entstehungsart und den Enstehungsort artspezifische Unterschiede. Vorwiegend basal orientierte Proventivknospen treiben bei **Fichte** verspätet aus. Bei **Lärche** führt das Durchtreiben von Kurztriebknospen am medialen Triebabschnitt zu einer nachzeitigen Bereicherung des Verzweigungssystemes.

3.2. Verteilung der Austriebs- und Verzweigungsformen am Terminaltrieb

3.2.1. Knospengröße und Knospenverteilung

Laterale Erneuerungsknospen (syn. Überwinterungsknospen) dienen im Gegensatz zur Terminalknospe nicht dem Höhenwachstum, sondern primär der Auffächerung der Krone.
Dabei ist unter lateraler Erneuerungsknospe, kurz Lateralknospe, jede Knospe zu verstehen, die bei regulärer Verzweigung im Jahr x angelegt wird und im Jahr x+1 zu einer Seitenverzweigung erster Ordnung auswächst.

Bei Fichte und Lärche, wie bei allen Koniferen, ist das Längenwachstum der aus Lateralknospen entstehenden Triebe durch den Einfluß der akrotonen Förderung gekennzeichnet.

Im ersten Schritt der Untersuchungen sollte überprüft werden, welchen Einfluß die Akrotonie auf die Größe und Verteilung von Lateralknospen ausübt.

Dazu wurden exemplarisch im FoA Kipfenberg von beiden Baumarten im November 1986 jeweils 10 etwa gleichlange, diesjährige Terminaltriebe von etwa 10jährigen Bäumen entnommen.
Jeder Terminaltrieb wurde in 10 Abschnitte gleicher relativer Länge untergliedert und auf jedem der Abschnitte wurde die Knospenzahl sowie die Länge und Breite jeder Knospe auf 0,1mm genau ermittelt.

3.2.1.1. Fichte

Wie Tab.3 und Abb.15 zeigen, folgt die Größe der Lateralknospen entlang dem Terminaltrieb bei Fichte streng dem durch akrotone Förderung induzierten Hierarchiegefälle.
Ausgedrückt durch den Faktor durchschnittl. Länge x

durchschnittl. Breite erreichen Knospen am basisnächsten Triebabschnitt nur etwa 20% des Wertes von Knospen, die nahe der Terminalknospe inseriert sind. Dabei nimmt die durchschnittl. Knospenbreite basipetal stärker ab als die durchschnittl. Knospenlänge.
Knospen des hier gesondert betrachteten Knospenkranzes an der Triebbasis folgen diesem Trend ebenfalls und zeigen nochmals einen deutlichen Sprung in der Größenabnahme.

Tab.3 : **Fichte:** Mittelwerte der durchschn. Knospenlänge (dL) und -breite (dB) an Terminaltriebabschnitten gleicher relativer Länge in cm (N=10)

*Tab.3 : **Norway spruce:** Mean bud length (dL) and bud width (dB) on terminal leader sections of equal relative length*

	dL	dB	dLxdB	% vom höchsten Wert dLxdB
-100%	1,47	1,06	**1,56**	**100,0**
- 90%	1,43	1,04	1,49	95,5
- 80%	1,24	0,87	1,09	69,9
- 70%	1,08	0,73	0,79	50,6
- 60%	1,06	0,68	0,72	46,2
- 50%	1,04	0,65	0,68	43,6
- 40%	0,97	0,62	0,60	38,5
- 30%	0,91	0,55	0,50	32,1
- 20%	0,88	0,51	0,45	28,9
- 10%	0,71	0,41	0,29	18,7
Knospenkranz	0,42	0,31	0,13	8,3

Abb.15 : Größenverhältnisse der Lateralknospen am Terminaltrieb dargestellt am Faktor dL x dB aus Tab.3

Fig.15 : Size of lateral buds on terminal leader expressed as dLxdB; (see Tab.3)

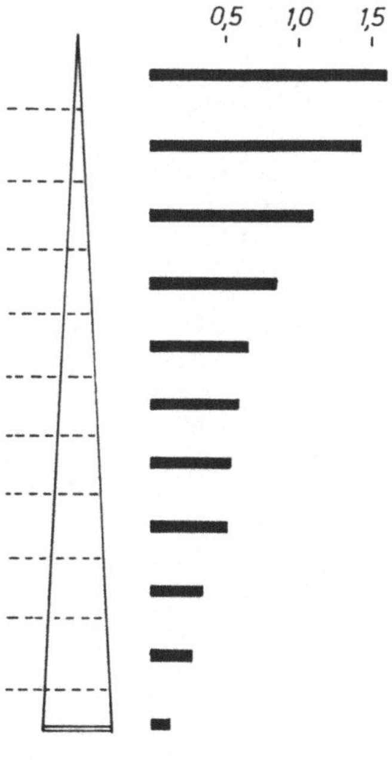

Mit Ausnahme des basalen Knospenkranzes, wo eine deutliche Häufung der Knospen auftritt, sind die Lateralknospen bei Fichte etwa gleichmäßig über den Trieb verteilt (Tab.4, Abb.16).

Tab.4 : **Fichte** : durchschn. Knospenzahl an Terminaltriebabschnitten gleicher relativer Länge (N=10)

*Tab.4 : **Norway spruce:** Average number of buds on terminal leader sections of equal relative length*

Abb.16: durchschn. Knospenzahl aus Tab.4

Fig.16: Average number of buds (see Tab. 4)

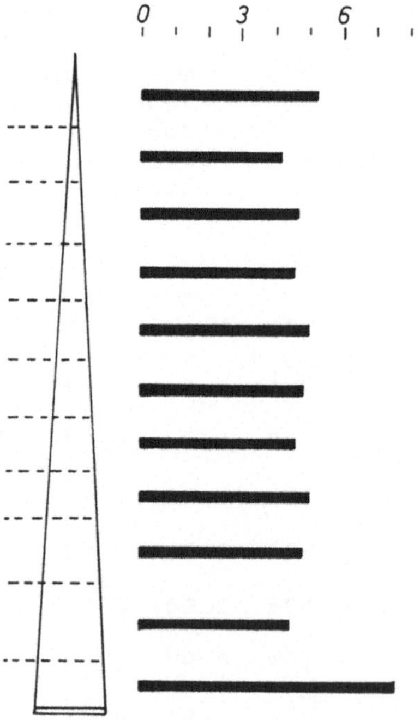

	durchschn. Knospenzahl	% vom höchten Wert
-100%	5,2	68,4
- 90%	4,2	55,3
- 80%	4,6	60,5
- 70%	4,6	60,5
- 60%	5,0	65,8
- 50%	4,8	63,2
- 40%	4,6	60,5
- 30%	5,0	65,8
- 20%	4,8	63,2
- 10%	4,4	57,9
Knospenkranz	7,6	100,0

3.2.1.2 Lärche

Eine akrotone Förderung der Lateralknospengröße am Terminaltrieb ist bei Lärche nicht zu erkennen (Tab.5, Abb.17).
Hier liegen die höchsten Werte der Knospengröße zwischen 50-60% der Terminaltrieblänge. Ausgehend von diesem Triebabschnitt nimmt die Knospengröße sowohl basipetal als auch akropetal kontinuierlich ab.

Tab.5 : **Lärche**: Mittelwerte der durchschn. Knospenlänge (dL) und -breite (dB) an Terminaltriebabschnitten gleicher relativer Länge in mm (N=10)

*Tab.5 : **European larch:** Mean bud length (dL) and bud width (dB) on terminal leader sections of equal relative length*

	dL	dB	dLxdB	% vom höchsten Wert dLxdB
-100%	2,56	1,84	4,71	56,1
- 90%	2,94	2,04	6,00	71,4
- 80%	3,00	2,12	6,36	75,7
- 70%	3,12	2,24	6,99	83,2
- 60%	3,36	2,50	**8,40**	**100,0**
- 50%	3,19	2,24	7,15	85,1
- 40%	3,15	2,21	6,96	82,9
- 30%	3,11	2,16	6,72	80,0
- 20%	3,02	2,10	6,34	75,5
- 10%	2,73	1,96	5,35	63,7

Abb.17: Größenverhältnisse der Lateralknospen am Terminaltrieb dargestellt am Faktor dLxdB aus Tab.5

Fig.17: Size of lateral buds on terminal leader expressed as dLxdB; (see Tab.5)

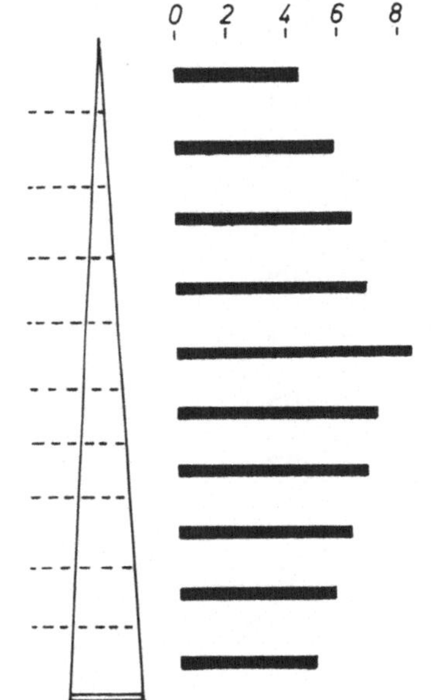

An den Triebabschnitten zwischen 10% und 90% der Terminaltrieblänge sind die Lateralknospen etwa gleichmäßig verteilt. Am terminalen Triebabschnitt zeigt sich eine deutliche Knospenhäufung. Im Gegensatz dazu wird am basalen Triebabschnitt die geringste Zahl von Knospen angelegt (Tab.6, Abb.18).

Tab.6 : **Lärche:** durchschn. Knospenzahl an Terminaltriebabschnitten gleicher relativer Länge (N=10)

*Tab.6 : **European larch:** Average number of buds on terminal leader sections of equal relative length*

Abb.18: durchschn.Knospenzahl aus Tab.6

Fig.18: Average number of buds (see Tab.6)

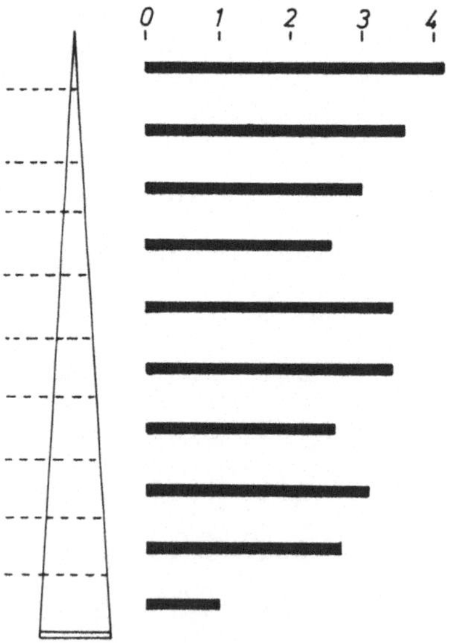

	durchschn. Knospenzahl	% vom höchsten Wert
-100%	**4,2**	**100,0**
- 90%	3,6	85,7
- 80%	3,0	71,4
- 70%	2,6	61,9
- 60%	3,4	81,0
- 50%	3,4	81,0
- 40%	2,6	61,9
- 30%	3,6	85,7
- 20%	2,6	61,9
- 10%	1,0	23,8

3.2.1.3. Vergleich zwischen Fichte und Lärche

Sowohl die Verteilung, als auch die Größenverhältnisse der Lateralknospen am Terminaltrieb zeigen im Vergleich zwischen den beiden Baumarten deutliche Unterschiede. Klarer akrotoner Förderung bei **Fichte** stehen die höchsten Werte (ausgedrückt im Faktor dL x dB) im medialen Bereich bei **Lärche** gegenüber. Während sich bei **Fichte** die Knospenzahl an der Triebbasis häuft sind bei **Lärche** am gleichen Triebabschnitt die wenigsten Lateralknospen inseriert.

3.2.2. Verteilung und Häufigkeit der Lateraltriebformen

Zur Erfassung von regulären Seitenverzweigungen 1.Ordnung wurden zweijährige Terminaltriebe herangezogen. Die Quantifizierung nachzeitiger Lateraltriebe erfolgte an dreijährigen oder älteren Terminaltrieben. Sylleptische Triebe wurden nach der unter Abschn. 3.2.1. beschriebenen Methode erfaßt.

3.2.2.1. Verteilung und Häufigkeit sylleptischer Triebe

Bei beiden Baumarten war im Beobachtungszeitraum 1984-87 nur in Einzelfällen eine eindeutig proleptische Verzweigung an Terminaltrieben festzustellen. Da sylleptische Triebbildung jedoch bei Fichte wie bei Lärche häufig auftrat, wurden die Untersuchungen über vorzeitige Verzweigung auf das Phänomen der Syllepsis beschränkt.

3.2.2.1.1. Fichte

Werden nur wenige sylleptische Triebe gebildet, so sind sie im Anschluß an den subapikalen Terminaltriebabschnitt inseriert. Mit steigender Zahl sylleptischer Triebe rücken ihre Ansatzstellen basipetal vor (Abb. 19 a,b,c). Scheinquirle, d.h. die Häufung sylleptischer Lateraltriebe an einem kurzen, 1-2cm langen Terminaltriebabschnitt, treten bereits bei einer geringen Zahl sylleptischer Triebe auf.

An den letzten sylleptischen Trieb mit deutlichem Längenwachstum (> 0,5cm) schließen sich in vielen Fällen Lateralknospen mit einem basalen Kranz hyperplasmatischer Nadeln an.

Abb.:19 Verteilung sylleptischer Triebe mit deutlichem Längenwachstum (> 0,5cm) am einjährigen Terminaltrieb bei Fichte; a bei schwacher, b bei mittlerer, c bei starker Syllepsis; (S Scheinquirl)

Fig.:19 Distribution of sylleptic shoots with distinct longitudinal growth (> 0,5cm) on 1-year old terminal leader in Norway spruce; a) weak b) medium c) strong syllepsis (S pseudo-whorl)

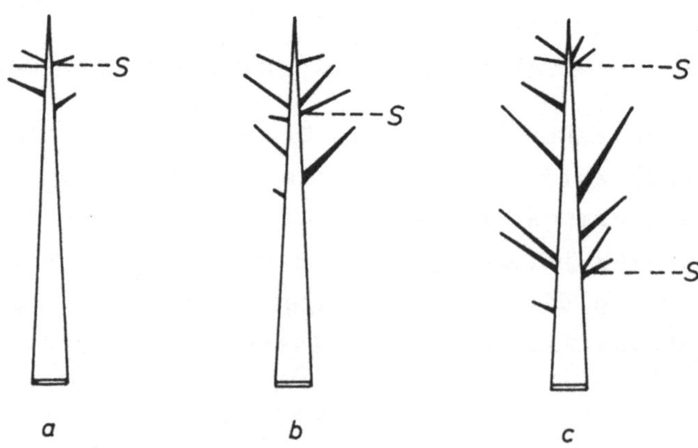

Berechnet als Mittelwert aus zehn Terminaltrieben liegt die größte Häufigkeit sylleptischer Triebe zwischen 80-90% der Gesamttrieblänge (Tab.7, Abb.20). Sie nimmt basipetal ab. Die basisnächsten Triebabschnitte (0-20%) sind frei von sylleptischen Trieben.

Tab.:7 **Fichte**: durchschn. Zahl syll. Triebe an Terminaltriebabschnitten gleicher rel. Länge (N=10)

Abb.:20 durchschn. Zahl syll. Triebe aus Tab.7

Tab.:7 ***Norway spruce:*** *Average number of sylleptic shoots on terminal leader sections of equal relative length*

Fig.:20 *Average number of sylleptic shoots (see Tab.7)*

	durchschn. Zahl syllept. Triebe	% vom höchsten Wert
-100%	1,2	32,4
- 90%	3,7	100,0
- 80%	3,5	94,6
- 70%	2,7	73,0
- 60%	0,7	18,9
- 50%	1,0	27,0
- 40%	1,0	27,0
- 30%	0,7	18,9
- 20%	0,0	0,0
- 10%	0,0	0,0

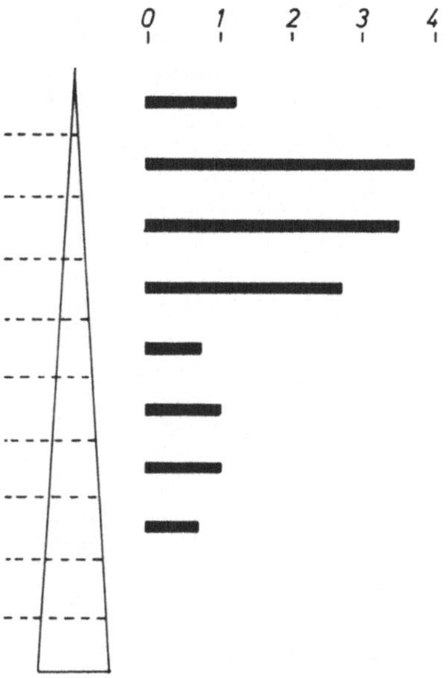

3.2.2.1.2. Lärche

Die Zahl der sylleptischen Triebe beeinflußt deutlich deren Verteilung am Terminaltrieb.
Werden nur wenige sylleptische Triebe gebildet, so sind sie i.d.R. an der unteren Hälfte des Triebes angeordnet (Abb.21a). Mit zunehmender Zahl liegen ihre Insertionsstellen näher zur Triebbasis und -spitze hin (Abb.21b). Treten mehr als etwa 10 sylleptische Triebe pro Terminaltrieb auf, werden häufig Scheinquirle ausgebildet (Abb.21c).

Abb.:21 Verteilung sylleptischer Triebe mit deutlichem Längenwachstum (> 0,5cm) am einjährigen Terminaltrieb bei Lärche; a bei schwacher, b bei mittlerer, c bei starker Syllepsis; (S Scheinquirl)

Fig.:21 Distribution of sylleptic shoots with distinct longitudinal growth (> 0,5cm) on 1-year old terminal leader of European larch; a) weak, b) medium, c) strong syllepsis (S pseudo-whorl)

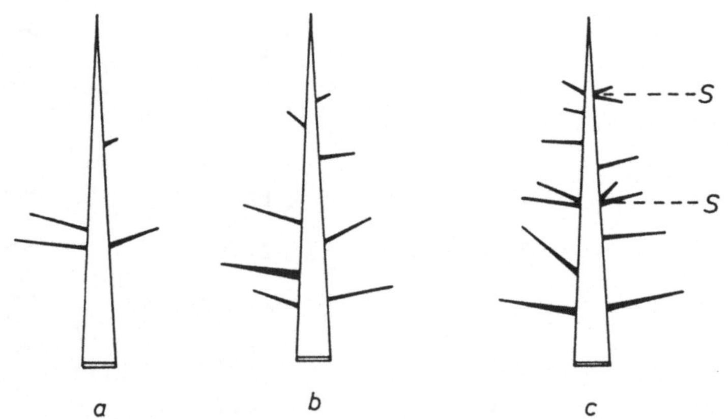

An den distalsten sylleptischen Trieb mit klarem Längenwachstum (>0,5cm) schließen sich in allen drei Fällen zur Triebspitze hin schwache sylleptische Triebbildungen an.

Die größte Häufigkeit sylleptischer Triebe liegt bei 40% der Terminaltrieblänge (Tab.8, Abb.22). Sowohl basi- als auch akropetal nimmt ihre Zahl ab. Der oberste Triebabschnitt ist frei von sylleptischen Trieben.

Tab.:8 **Lärche:** durchschn. Zahl syll. Triebe an Terminaltriebabschnitten gleicher rel. Länge (N=10)

*Tab.:8 **European larch:** Average number of sylleptic shoots on terminal leader sections of equal equal relative length*

Abb.:22 durchschn. Zahl syll. Triebe aus Tab.8

Fig.:22 Average number of sylleptic shoots (see Tab. 8)

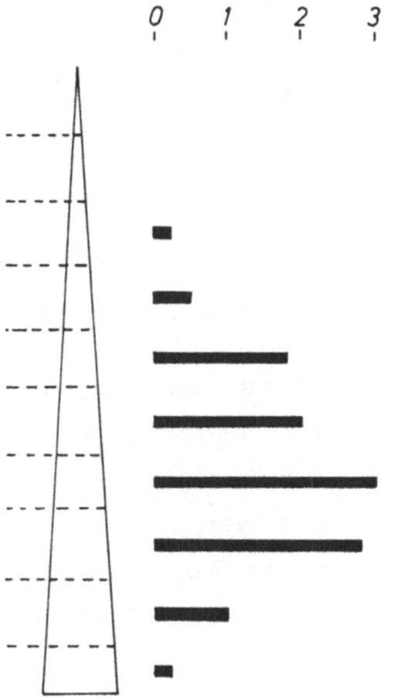

	durchschn. Zahl syllept. Triebe	% vom höchsten Wert
-100%	0,0	0,0
- 90%	0,0	0,0
- 80%	0,2	6,7
- 70%	0,5	16,7
- 60%	1,8	60,0
- 50%	2,0	66,7
- 40%	3,0	100,0
- 30%	2,8	93,3
- 20%	1,0	33,3
-10%	0,2	6,7

3.2.2.1.3. Vergleich zwischen Fichte und Lärche

Sylleptische Triebe entstehen bei beiden Baumarten an bevorzugten Terminaltriebabschnitten. Die größte Häufigkeit liegt bei **Fichte** auf der distalen, bei **Lärche** auf der

proximalen Triebhälfte.
Nimmt die Zahl der sylleptischen Triebe zu, kommen bei **Fichte** neue Insertionsstellen in basipetaler Richtung, bei **Lärche** in basi- und akropetaler Richtung hinzu.

3.2.2.2. Verteilung und Häufigkeit regulärer Triebe

Reguläre Lateraltriebe entstehen im Jahr x+1 aus den im Jahr x angelegten Lateralknospen.
Generell ist die Zahl der regulären Lateraltriebe je Jahrestrieb durch die Zahl der angelegten Knospen begrenzt. Je mehr Lateralmeristeme jedoch zu sylleptischen Verzweigungen auswachsen, desto weniger Knospen stehen im folgenden Jahr für die regulären Verzweigungen zur Verfügung.

3.2.2.2.1. Fichte

Traten im Vorjahr keine sylleptischen Triebe auf, so sind die regulären Lateraltriebe regelmäßig über den Jahrestrieb verteilt. Mit Ausnahme des basalen Knospenkranzes, aus dem sich nur bei der Hälfte der untersuchten Terminaltriebe Lateraltriebe gebildet hatten, entwickelten sich alle übrigen Knospen stets zu regulären Lateraltrieben weiter.
Aus diesem Grund entspricht die durchschnittliche Zahl regulärer Triebe an den Terminaltriebabschnitten der in Tab.7 und Abb.20 dargestellten Knospenzahl. Lediglich am basalen Knospenkranz liegt die durchschnittlich Zahl der Knospen (7,6) deutlich über der Zahl der regulären Lateraltriebe (1,6).

Wurden im Vorjahr sylleptische Triebe gebildet, so folgen am Terminaltrieb in der Regel auf einen subapikalen Abschnitt mit regulären Lateraltrieben ein bis mehrere Abschnitte mit rein sylleptischer Verzweigung. Basipetal schließt sich daran, je nach Intensität der Syllepsis ein kürzeres oder längeres Terminaltriebstück mit wiederum rein regulärer Verzweigung an (Abb.23b).

In Einzelfällen kann es zur Vermischung sylleptischer und regulärer Terminaltriebabschnitte kommen. Zwischen Lateraltrieben sylleptischen Ursprungs sind dann vereinzelt reguläre Triebe angeordnet.

Alle sylleptischen Triebe aus dem Jahr x setzen ihr Längenwachstum im Jahr x+1 mit regulären Jahrestrieben fort.

Abb.:23 Verteilung regulärer (a,b) und sylleptischer (b) Lateraltriebe am zweijährigen Terminaltrieb bei Fichte

Fig.:23 Distribution of regular (a,b) and sylleptic (c) lateral shoots on 2-years old terminal leaders (Norway spruce)

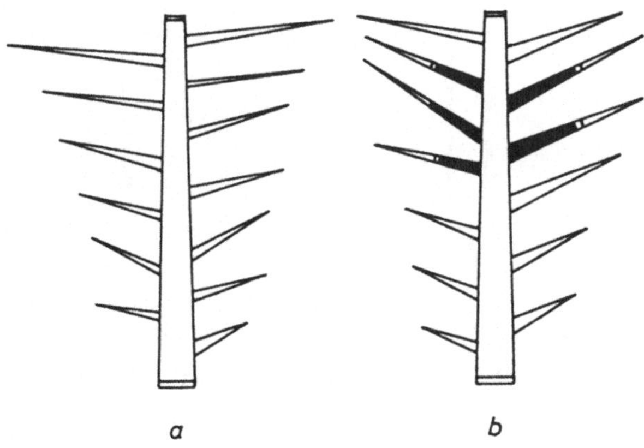

3.2.2.2.2. Lärche

Die Bildung regulärer Lateraltriebe setzt im subapikalen Terminaltriebbereich ein. Mit zunehmender Zahl regulärer Triebe dehnt sich dieser Bereich basipetal aus.
Bis auf einen mit Kurztrieben besetzten basalen Triebabschnitt sind die regulären Langtriebe regelmäßig über den Terminaltrieb verteilt. Zumeist treiben alle Knospen dieses Abschnittes zu regulären Langtrieben aus (Abb.24a,b).

Abb.: 24 Verteilung regulärer Lateraltriebe am zweijährigen Terminaltrieb bei Lärche (a schwache, b starke Lateraltriebbildung)

Fig.: 24 Distribution of regular lateral shoots on 2-years old terminal leader in European larch (a weak, b strong lateral shoot formation)

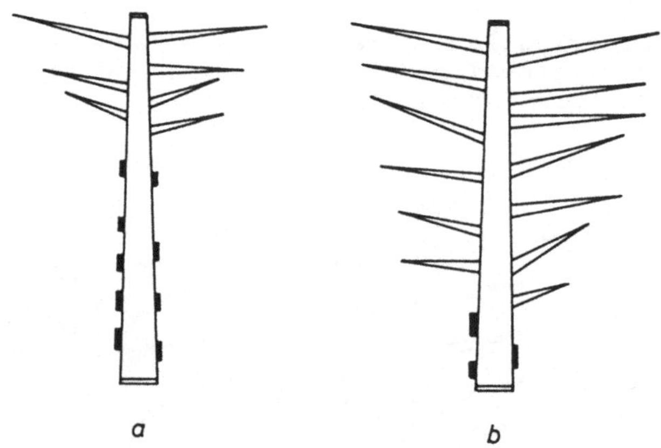

Tritt Syllepsis auf, so sind im nachfolgenden Jahr die Abschnitte sylleptischer und regulärer Lateraltriebbildung am Terminaltrieb in der Regel streng voneinander getrennt, obwohl im Bereich der sylleptischen Verzweigung Knospen zur Ausbildung regulärer Triebe vorhanden wären (Abb.:25a,b). Die Länge des mit regulären Trieben besetzten Terminaltriebabschnittes ist von der Zahl der im vorigen Jahr gebildeten sylleptischen Triebe abhängig. Alle sylleptischen Triebe setzen ihr Längenwachstum im Folgejahr fort.

Abb.:25 Verteilung regulärer und sylleptischer Lateraltriebe am zweijährigen Terminaltrieb bei Lärche (a bei schwacher, b bei starker Syllepsis)

Fig.:25 Distribution of regular and sylleptic lateral shoots on 2-years old terminal leaders in European larch (a weak, b strong syllepsis)

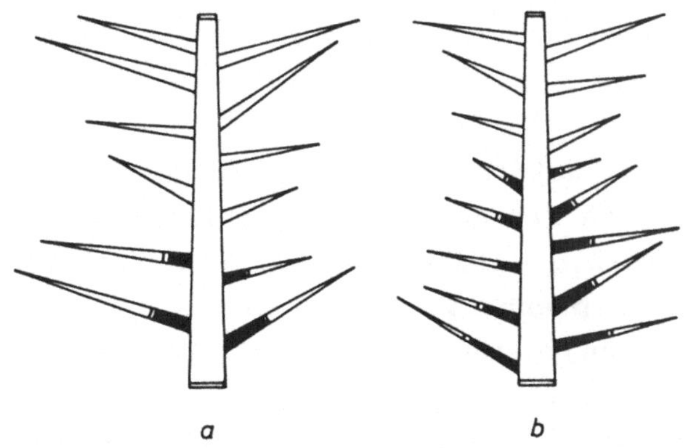

3.2.2.2.3. Vergleich zwischen Fichte und Lärche

Werden am Terminaltrieb ausschließlich reguläre Triebe ausgebildet, so treiben bei **Fichte** stets alle Lateralknospen aus (Ausnahme: Knospen des basalen Knospenkranzes). Bei **Lärche** folgt auf einen regulär verzweigten Terminaltriebabschnitt basipetal ein mit Kurztrieben besetzter Triebabschnitt.

Sylleptische und reguläre Verzweigungen liegen bei beiden Baumarten auf deutlich voneinander abgegrenzten Triebabschnitten. Dabei folgt bei **Fichte** auf eine meist sehr kurze, subapikale Region mit regulärer Triebbildung ein Abschnitt mit sylleptischer Verzweigung, an den sich basipetal wiederum reguläre Lateraltriebe anschließen. Bei **Lärche** wird die reguläre Verzweigung des Terminaltriebes basipetal durch sylleptische Lateraltriebe fortgesetzt.

3.2.2.3. Verteilung und Häufigkeit nachzeitiger Triebe

Proventivtriebe bei Fichte und aus Kurztriebknospen entstandene Langtriebe bei Lärche, können nur aus nach sylleptischer und regulärer Triebbildung verbliebenen Knospen entstehen. Nachzeitige Triebe werden in jedem Fall frühestens an dreijährigen Trieben gebildet.

3.2.2.3.1. Fichte

Proventive Knospenreserven stehen nur im Bereich des basalen Knospenkranzes zur Verfügung (vgl. Abschn. 3.2.2.2.1.).
An keinem der untersuchten dreijährigen Terminaltriebe waren nachzeitig Proventivtriebe gebildet worden.
Bei 30 zusätzlich aufgenommenen, etwa 10jährige Fichten aus dem FoA Kipfenberg konnte ebenfalls an keinem der drei- bis siebenjährigen Terminaltriebe proventive Triebbildung festgestellt werden.
Lediglich an einer stark geschädigten, aus anderen Gründen entnommenen, etwa 20jährigen Fichte aus dem FoA Bodenmais, waren am siebenjährigen Terminaltrieb zwei einjährige nachzeitige Triebe entstanden (Abb.26a).

3.2.2.3.2. Lärche

Nachzeitige Triebe entstehen entweder im Übergangsbereich zwischen regulären und sylleptischen Verzweigungen (Abb.26b), oder sie folgen bei fehlender Syllepsis direkt auf den letzten regulären Lateraltrieb. Obwohl im Anschluß an den proximalsten sylleptischen Trieb zur Terminaltriebbasis hin zumeist noch mehrere Kurztriebe inseriert sind, treiben diese nicht zu Langtrieben durch.
Von den 30 drei- bis fünfjährigen Terminaltrieben (10 pro Altersstufe) wiesen nur 7 nachzeitige Triebe auf. In keinem Fall wurden mehr als 2 nachzeitige Triebe je

Jahrestrieb gebildet.

Ein Zusammenhang zwischen dem Alter des Terminaltriebes und der Neigung zur nachzeitigen Triebbildung ist nicht nachweisbar.

Abb.:26 a: **Fichte:** Verteilung regulärer und nachzeitiger Lateraltriebe am siebenjährigen Terminaltrieb
b: **Lärche:** Verteilung regulärer, sylleptischer und nachzeitiger Lateraltriebe am dreijährigen Terminaltrieb

Fig.:26 a: ***Norway spruce:*** *Distribution of regular and retarded lateral shoots on 7-years old terminal leader*
b: ***European larch:*** *Distribution of regular, sylleptic and retarded lateral shoots on 3-years old terminal leader*

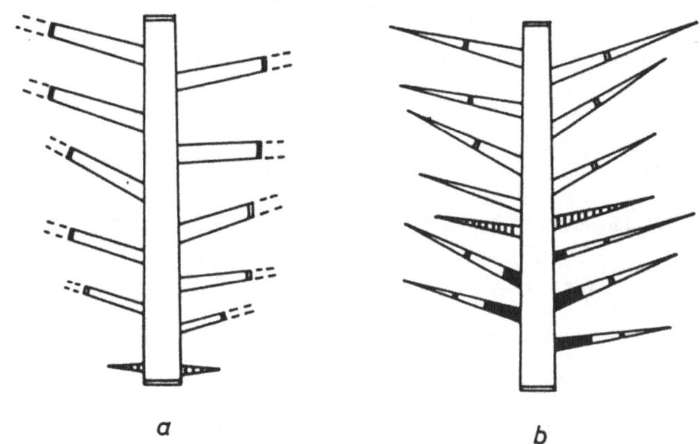

3.2.2.3.3. Vergleich zwischen Fichte und Lärche

Nachzeitige Verzweigung des Terminaltriebes spielt bei beiden Baumarten eine untergeordnete Rolle.

Die geringe Häufigkeit dieser Triebe, wie auch ihrer Position am Terminaltrieb deuten auf intensive akrotone Förderung hin.

3.3. Verteilung der Austriebs- und Verzweigungsformen an Seitenverzweigungen

Die Verteilungsmuster sylleptischer, regulärer und nachzeitiger Verzweigungen an Seitenverzweigungen erster und höherer Ordnung folgen in den meisten Fällen den, unter 3.2.2. beschriebenen Verhältnissen an Gipfeltrieben. Aus diesem Grund wird auf eine nach Baumarten getrennte Darstellung der Ergebnisse verzichtet.

Neben dem Austriebsverhalten der Triebe verschiedener Ordnungen, steht hier insbesondere der Einfluß der Position in der Gesamtkrone auf die Triebbildung im Vordergrund.

Dazu wurde an den Probebäumen eine Totalaufnahme aller bis zum Alter 7 gebildeten Triebe durchgeführt.

3.3.1. Knospengröße und Knospenverteilung

Die Größe und Verteilung der Knospen an einjährigen Trieben wurden an beiden Baumarten durch folgendes Stichprobenverfahren ermittelt.

Untersuchungsziel	Stichprobe
1.Einfluß der Astansatzstelle am Terminaltrieb (Abb.27-1)	-am 2jährigen Terminaltrieb basipetal jeder 3. Lateraltrieb
2.Einfluß des Astalters (Abb.27-2)	-je Astalter von den 2 stärksten Lateraltrieben der Jahrestrieb 1.Ordnung
3.Einfluß der Verzweigungsordnung (Abb.27-3)	-am 6jährigen Terminaltrieb von den 2 stärksten Lateraltrieben je Verzweigungsordnung 2 Jahrestriebe

Abb.:27 Stichprobenverfahren zur Ermittlung der Knospengröße und -verteilung in Abhängigkeit von der Kronenposition (untersuchter Jahrestrieb), schematisch

Fig.:27 Sampling procedure to study connections between crown position, bud size and bud distribution

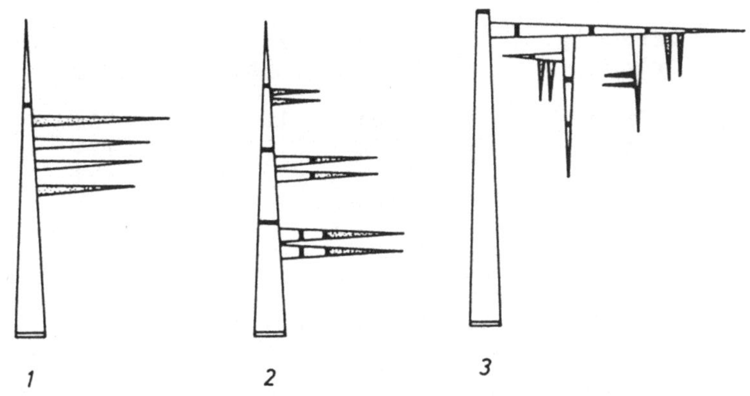

Für alle drei untersuchten Kriterien zeigten sich bei **Fichte** und **Lärche** sehr ähnliche Ergebnisse.

Die mittlere Knospengröße je Jahrestrieb (durchschnittl. Knospenlänge x durchschnittl. Knospenbreite) am proximalsten Lateraltrieb erreicht nur rund 25% des Wertes von Knospen am distalsten Lateraltrieb. Gleichzeitig geht die Zahl der pro Jahrestrieb gebildeten Knospen auf etwa 50% zurück (vgl.Abb.27-1).

Am einjährigen Jahrestrieb 1.Ordnung werden Knospen an 6 Jahre alten Ästen nur etwa halb so groß wie an zwei Jahre alten Ästen. Die Knospenzahl verringert sich ebenfalls auf die Hälfte (vgl.Abb.27-2).

Bei **Fichte** werden Seitenknospen nur bis zur Verzweigung 3.Ordnung angelegt. Sie erreichen nur etwa 15% der Größe von Knospen an Verzweigungen 1.Ordnung. Die Knospenzahl nimmt um 75% ab.

Knospengröße und Knospenzahl bei **Lärche** gehen an Verzweigungen 4.Ordnung auf 25% des Wertes von Verzweigungen

1.Ordnung zurück (Tab.9).

Tab.:9 Prozentuale Knospengröße (Kg) und -zahl (Kz) an Verzweigungen 1.-4.Ordnung bei Fichte und Lärche

Tab.:9 Bud size (Kg) and number of buds (Kz) on order 1 to order 4 branches expressed in % (Fichte: Norway spruce; Lärche European larch)

Verzweig.	Fichte		Lärche	
Ordnung	Kg	Kz	Kg	Kz
1.Ordn.	100%	100%	100%	100%
2.Ordn.	72%	54%	78%	64%
3.Ordn.	15%	25%	45%	39%
4.Ordn.	0%	0%	25%	25%

3.3.2. Verteilung sylleptischer Triebe

Vorzeitige Verzweigung in Form der **proleptischen** Triebbildung trat an Seitenverzweigungen erster und höherer Ordnung bei beiden Baumarten nur in Einzelfällen auf. Sie wurde bei der Analyse des Kronenaufbaues nicht weiter berücksichtigt.

Demgegenüber ist **sylleptische** Triebbildung an Seitenverzweigungen 1.Ordnung bei **Lärche** häufig, bleibt jedoch auf diese Triebordnung beschränkt. Sie unterliegt einem durch akrotone Förderung induzierten Hierarchiegefälle. Die Zahl der je Jahrestrieb gebildeten sylleptischen Triebe nimmt mit steigendem Astalter ab (Abb.28a). An fünfjährigen und älteren Ästen bleibt sylleptische Verzweigung am diesjährigen Jahrestrieb aus.
Innerhalb eines Terminaltriebes geht die Syllepsishäufigkeit vom distalsten Lateraltrieb 1.Ordnung basipetal zurück. An proximalen Lateraltrieben werden zumeist keine sylleptischen Triebe mehr ausgebildet (Abb.28b).
An Lateraltrieben, die durch sylleptische Verzweigung des Terminaltriebes entstanden sind, steigt die Zahl der sylleptischen Triebe gegenüber den direkt oberhalb angren-

zenden regulären Trieben zunächst an und nimmt anschließend basipetal wiederum ab (Abb.28c).

Abb.:28 **Lärche**: Verteilung sylleptischer Triebe an Seitenverzweigungen 1.Ordnung
a: Abhängigkeit vom Astalter
b: Abhängigkeit von der Position des Lateraltriebes am Terminaltrieb
c: Einfluß der Terminaltriebsyllepsis

Fig.:28 ***European larch**: Distribution of sylleptic shoots on order 1 branches*
a: in relation to branch age
b: in relation to position of lateral shoot
c: influence of terminal leader syllepsis

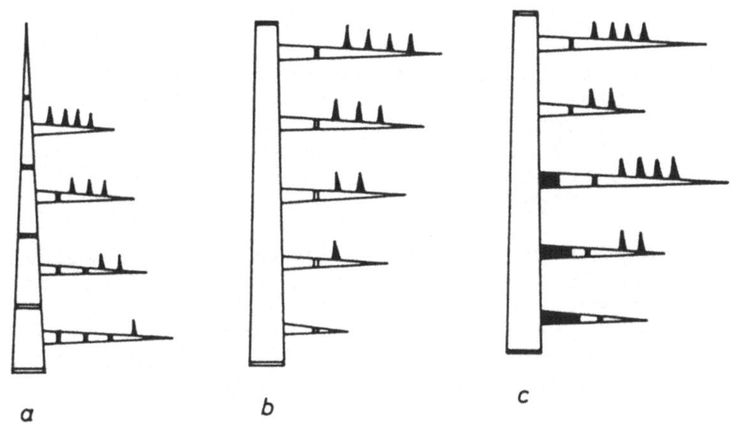

Sylleptische Verzweigung von Trieben erster und höherer Ordnung konnte bei **Fichte** nicht beobachtet werden.

3.3.3. Verteilung regulärer Triebe

Die Verteilung regulärer Triebe im Baum verläuft analog zu den für Knospen beschriebenen Verhältnissen.
Nur bei **Lärche** wird im Fall sylleptischer Triebbildung an Verzweigungen 1.Ordnung die Zahl regulärer Triebe je Jahrestrieb durch die vorweggenommene Triebentwicklung beeinflußt.

Beide Baumarten bilden bis zum Alter 7 bei Langtrieben maximal vier Verzweigungsordnungen aus. Dabei nimmt die Zahl seitlicher Verzweigungen mit steigender Ordnungszahl ab (Abb.29a). Bei **Lärche** treiben die für Verzweigungen 5.Ordnung angelegten Knospen nicht mehr zu Langtrieben, sondern nur noch zu Kurztrieben aus.
Die proximalen Langtriebe 1.Ordnung am Terminaltrieb weisen bei **Lärche** zumeist nur Kurztriebe auf, bei **Fichte** bleiben sie i.d.R. unverzweigt. Akropetal nimmt die Zahl seitlicher Verzweigungen zu (Abb.29b).
Ältere Lateraltriebe 1.Ordnung weisen am zweijährigen Jahrestrieb weniger Seitenverzweigungen auf als jüngere (Abb.29c).

Abb.:29 **Fichte** und **Lärche**: Verteilung regulärer Triebe an Verzweigungen 1. und höherer Ordnung
a: Abhängigkeit von der Ordnungszahl
b: Abhängigkeit vom der Position des Lateraltriebes am Terminaltrieb
c: Abhängigkeit vom Astalter

Tab.:29 ***Norway spruce*** *and* ***European larch:*** *Distribution of regular shoots on branches of first and higher order*
a: in relation to branch-order
b: in relation to position of lateral branch
c: in relation to branch age

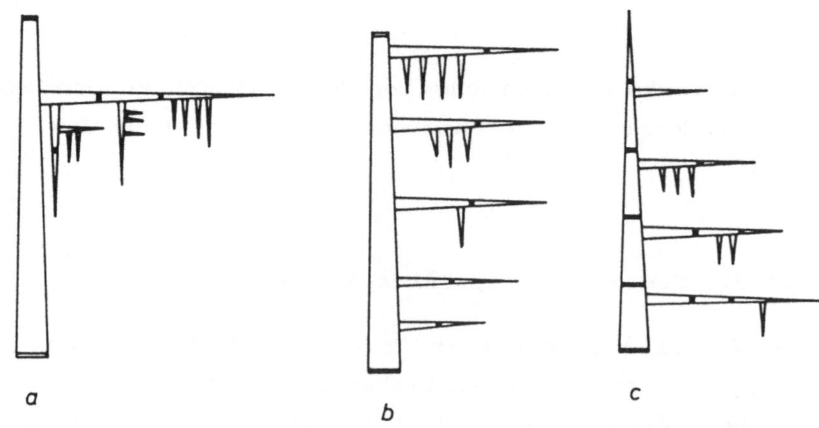

3.3.4 Verteilung nachzeitiger Triebe

Nachzeitige Proventivtriebe entstehen bei **Fichte** vorwiegend aus den auf der Astoberseite gelegenen Knospen des basalen Knospenkranzes frühestens im Jahr x+2 nach ihrer Anlage (vgl.Abb.14).
Der Anteil proventiv gebildeter Triebe an der gesamten lebenden Krone kann bei Altfichten bis zu 95,9% betragen (GRUBER 1987a). KRUG und SCHILL (1984) fanden bei Jungfichten des Bayer. Waldes erheblich weniger Proventivtriebe und stellten einen Rückgang der Zahl proventiver Triebe mit steigender Verzweigungsordnung fest.
An den hier untersuchten, ca. 10jährigen Probebäumen aus dem FoA Kipfenberg traten nur in wenigen Fällen Proventivtriebe an Seitenverzweigungen 1.Ordnung auf. Sie blieben auf diese Verzweigungsordnung beschränkt. Ein Zusammenhang zwischen dem Triebalter des regulären Jahrestriebes und der Proventivtriebhäufigkeit war nicht erkennbar.

Durchgetriebene Kurztriebe bei **Lärche** kamen nur vereinzelt vor. Sie entstanden nur an Verzweigungen 1.Ordnung und traten immer im Anschluß an den mit regulären Langtrieben besetzten Triebteil auf. Die maximale Lebensdauer der Kurztriebe an den rund 10jährigen Probebäumen betrug 5 Jahre. HARTIG (1840) nennt eine Obergrenze von 20-30 Jahren mit einem Mittelwert von 5-6 Jahren. Zum Untersuchungszeitpunkt (1986) war der älteste Kurztrieb, aus dem in diesem Jahr ein nachzeitiger Langtrieb hervorgegangen war, 4jährig. Die Häufigkeit des Durchtreibens erfolgt unabhängig vom Alter des Kurztriebes.

Nachzeitige Triebbildung hat an den untersuchten Probebäumen für den Aufbau der Gesamtkrone bei **Fichte** und **Lärche** keine Bedeutung.

3.4. Längenentwicklung der Austriebs- und Verzweigungsformen im Jahr ihrer Enstehung

Für den Aufbau der Krone ist die Verteilung der Triebe am Sproß von großer Bedeutung. Daneneben spielt aber auch ihr Längenwachstum eine entscheidende Rolle.

Zunächst soll die Längenentwicklung der verschiedenen Triebformen im Jahr ihres Austriebes betrachtet werden.

3.4.1. Längenentwicklung sylleptischer Triebe

Die ersten Stadien sylleptischer Triebbildung (vgl. Abb. 7, 9) sind an der sich streckenden Mutterachse bei beiden Baumarten etwa vier Wochen nach Vegetationsbeginn zu beobachten. Nach weiteren 2-3 Wochen setzt das Längenwachstum zunächst an den basisnächsten sylleptischen Trieben ein und greift anschließend auf die distal folgenden über.

3.4.1.1. Fichte

Wie Tab.10 und Abb.30 zeigen, werden jene sylleptische Triebe am längsten, die bei 70-80% der Treminaltrieblänge inseriert sind. Sowohl basi- als auch akropetal nimmt die Trieblänge ab.
Maximal erreichten sylleptisch entstandene Triebe eine Länge von 30cm.

Tab.:10 **Fichte:** durchschn. Länge syllept. Triebe an den Terminaltriebabschnitten gleicher relativer Länge (N=10)

Tab.:10 ***Norway spruce:*** *Average length of sylleptic shoots on terminal leader sections of equal relative length*

Abb.:30 durchschn. Länge syllept. Triebe aus Tab.10

Fig.:30 Average length of sylleptic shoots (see Tab. 10)

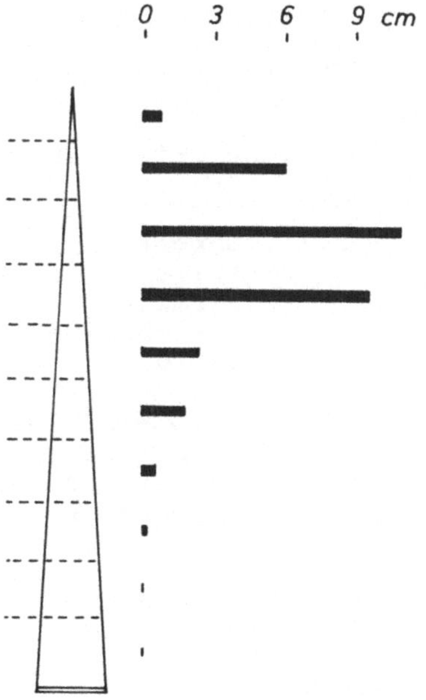

	durchschn. Länge in cm	% vom höchsten Wert
-100%	0,7	6,4
- 90%	6,0	54,5
- 80%	11,0	100,0
- 70%	10,2	92,7
- 60%	2,3	20,9
- 50%	1,9	17,3
- 40%	0,6	5,5
- 30%	0,3	2,7
- 20%	0,0	0,0
- 10%	0,0	0,0

0 3 6 9 cm

3.4.1.2. Lärche

Die größten Trieblängen erreichen sylleptische Triebe im proximalen Bereich des Terminaltriebes. Akropetal nimmt die Trieblänge kontinuierlich ab (Tab.11, Abb.31).
Abweichend von diesen an 10 Terminaltrieben ermittelten Werten, war in zwei Fällen zu beobachten, daß sylleptische Triebe am proximalen Terminaltriebabschnitt kürzer waren, als am akropetal anschließenden.
Sylleptische Triebe an Lateraltrieben 1.Ordnung nehmen ebenfalls zur Triebbasis hin an Länge ab. Sie bleiben jedoch mit maximal 12cm Länge deutlich kürzer, als sylleptische Triebe am Terminaltrieb (maximal 38cm).

Tab.:11 **Lärche**: durchschn. Länge syllept. Triebe an den Terminaltriebabschnitten gleicher relativer Länge (N=10)

Tab.:11 ***European larch:*** *Average length of sylleptic shoots on terminal leader sections of equal relative length*

Abb.:31 durchschn. Länge syllept. Triebe aus Tab.11

Fig.:31 Average length of sylleptic shoots (see Tab. 11)

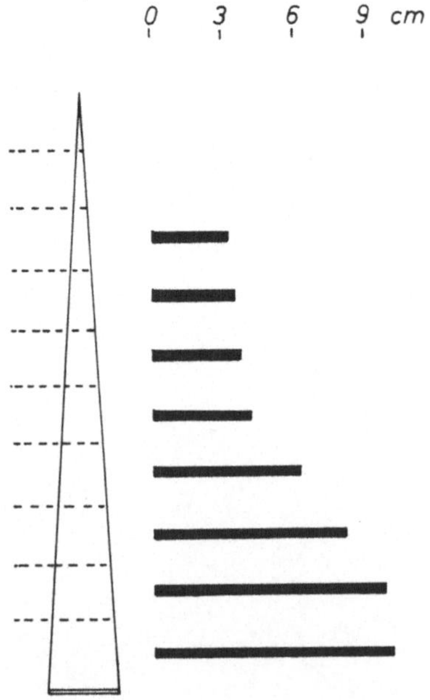

	durchschn. Länge in cm	% vom höchsten Wert
-100%	0,0	0,0
- 90%	0,0	0,0
- 80%	3,5	32,5
- 70%	3,7	34,5
- 60%	3,8	35,2
- 50%	4,1	38,7
- 40%	6,1	57,5
- 30%	8,5	78,9
- 20%	10,7	99,8
- 10%	10,8	100,0

0 3 6 9 cm

3.4.1.3. Vergleich zwischen Fichte und Lärche

Das Längenwachstum sylleptischer Triebe ist bei **Fichte** akroton gefördert. Allerdings findet die stärkste Förderung nicht unmittelbar unterhalb der Terminalknospe statt. Die Längenabnahme im subapikalen Terminaltriebbereich hängt vermutlich mit der zum Ende der Wachstumsperiode verlangsamten Triebstreckung dieser zuletzt vorzeitig entstandenen Triebe zusammen.
Sylleptische Triebe am Terminaltrieb sowie an Lateraltrieben 1.Ordnung unterliegen bei **Lärche** einer basitonen Förderung.

3.4.2. Längenentwicklung regulärer Triebe

Im Längenwachstum regulärer Triebe bestehen zwischen Fichte und Lärche deutliche Unterschiede. Das gilt gleichermaßen für die Wachstumsgeschwindigkeit wie für die Wachstumsdauer (vgl. Abb.12, 13)

3.4.2.1. Fichte

Das Wachstum regulärer Lateraltriebe am Terminaltrieb unterliegt dem Einfluß der Akrotonie. Es nimmt von der Triebspitze zur Basis hin kontinuierlich ab. Die basisnahen Lateraltriebe werden nur etwa ein Viertel so lang wie die distalsten (Tab.12, Abb.32).

Tab.:12 **Fichte:** durchschn. Länge regulärer Lateraltriebe an Terminaltriebabschnitten gleicher relativer Länge (N=10)

Tab.:12 ***Norway spruce:*** *Average length of regular shoots on terminal leader sections of equal rel. length*

	durchschn. Länge in cm	% vom höchsten Wert
-100%	49,9	100,0
- 90%	40,1	80,4
- 80%	26,3	52,7
- 70%	21,4	42,9
- 60%	20,2	40,5
- 50%	18,0	36,1
- 40%	15,7	31,5
- 30%	15,3	30,7
- 20%	14,7	29,7
- 10%	12,2	24,4

Abb.:32 durchschn. Länge regulärer Lateraltriebe aus Tab.8

Fig.:32 Average length of regular shoots (see Tab. 12)

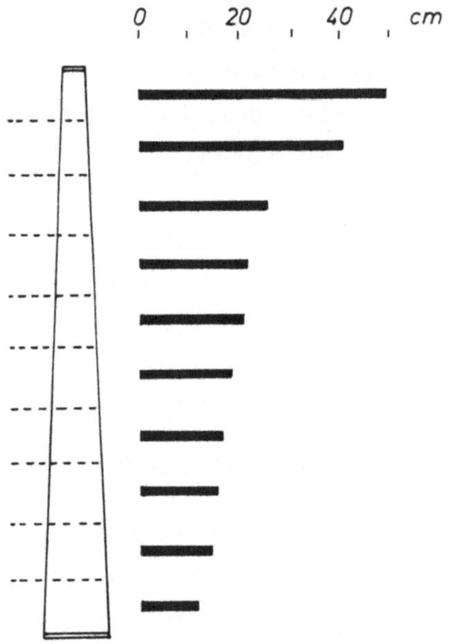

Die Jahrestriebe von Seitenverzweigungen erster und höherer Ordnung zeigen das gleiche Muster der Längenentwicklung. Die absolute Trieblänge nimmt allerdings mit steigender Verzweigungsordnung und zunehmendem Astalter ab. Gleichalte Seitenverzweigungen 4.Ordnung sind höchstens noch ein Viertel so lang wie Seitenverzweigungen 1.Ordnung.

Der Jahrestrieb 1986 war an sechsjährigen Lateraltrieben 1.Ordnung nur etwa halb so lang wie an einjährigen Trieben gleicher Ordnung.

3.4.2.2. Lärche

Auch bei Lärche bestimmt akrotone Förderung in allen Kronenteilen das Längenwachstum regulärer Triebe. Am Terminaltrieb erreichen die proximalen Lateraltriebe 1.Ordnung etwa ein Drittel der Länge der distalen (Tab.13, Abb.33). Längenabnahmen gleicher Größenordnung sind beim Vergleich der Trieblänge von Seitenverzweigungen 1.Ordnung mit Seitenverzweigungen 4.Ordnung festzustellen.
An einjährigen Lateraltrieben 1.Ordnung war der Jahrestrieb 1986 etwa doppelt so lang wie an sechsjährigen.

Tab.:13 **Lärche:** durchschn. Länge regulärer Lateraltriebe an Terminaltriebabschnitten gleicher relativer Länge (N=10)

*Tab.:13 **European larch:** Average length of regular shoots on terminal leader sections of equal rel. length*

	durchschn. Länge in cm	% vom höchsten Wert
-100%	65,7	100,0
- 90%	48,2	73,4
- 80%	43,7	66,5
- 70%	42,5	64,7
- 60%	36,0	54,8
- 50%	26,6	40,5
- 40%	24,0	36,5
- 30%	0,0	0,0
- 20%	0,0	0,0
- 10%	0,0	0,0

Abb.:33 durchschn. Länge regulärer Lateraltriebe aus Tab.13

Fig.:33 Average length of regular shoots (see Tab. 13)

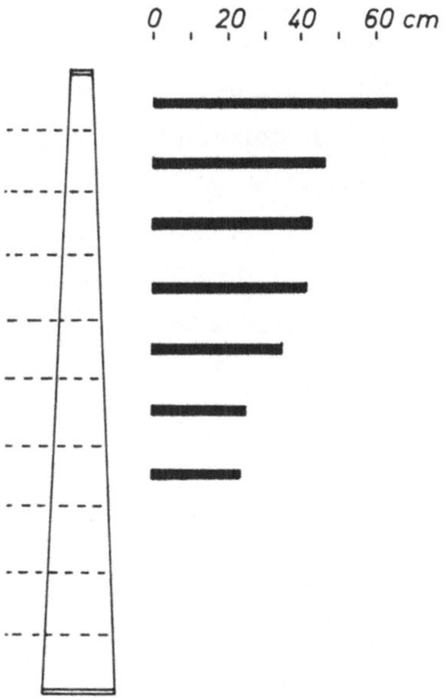

3.4.2.3. Vergleich zwischen Fichte und Lärche

Während bei **Fichte** i.d.R. alle Seitenknospen zu regulären Langtrieben austreiben, werden bei **Lärche** am unteren Triebabschnitt zumeist nur Kurztriebe gebildet.
Bei beiden Baumarten ist das Längenwachstum regulärer Verzweigungen in der gesamten Krone akroton gefördert.

3.4.3. Längenentwicklung nachzeitiger Triebe

Nachzeitige Triebe beginnen sich bei beiden Baumarten nahezu zeitgleich mit regulären Trieben zu strecken.

3.4.3.1. Fichte

Die Länge proventiver Triebe an Verzweigungen 1.Ordnung wird nicht durch das Alter des Jahrestriebes beeinflußt, an dem sie entstehen. So sind beispielsweise einjährige Proventivtriebe am sieben- und dreijährigen Jahrestrieb des gleichen Astes gleich lang.
Im allgemeinen weisen Proventivtriebe einen ähnlichen Längenzuwachs auf (ca. 10cm) wie reguläre Verzweigungen 3. oder 4.Ordnung. KRUG und SCHILL (1984) berichten über gleiche Verhältnisse an Jungfichten aus dem Bayer. Wald.
Trat mehr als ein Proventivtrieb an der Basis des Jahrestriebes auf, so waren diese etwa gleich lang (± 2-3cm).

3.4.3.2. Lärche

Zu Langtrieben durchgetriebene Kurztriebe an drei- oder vierjährigen Jahrestrieben 1.Ordnung erreichen in etwa

die gleiche Länge (ca. 15cm).
Sie werden im Mittel so lang wie Verzweigungen 3.Ordnung.

3.4.3.3. Vergleich zwischen Fichte und Lärche

Nachzeitige Triebe entwickeln sich bei beiden Baumarten unabhängig von akrotoner Förderung. Im ersten Jahr entspricht ihre Länge jener von regulär gebildeten Verzweigungen 3. bis 4.Ordnung.

3.5. Längenentwicklung der Austriebs- und Verzweigungsformen in den Folgejahren

Sylleptische wie nachzeitige Triebe setzten ihr Wachstum in den folgenden Jahren durch reguläre Triebe fort.
In weiteren Aufnahmen wurde untersucht, ob sich Lateraltriebe sylleptischen bzw. nachzeitigen Ursprungs gegenüber regulär entstandenen Trieben in ihrem weiteren Längenwachstum unterschiedlich verhalten.
Anders als bisher werden hier die Ergebnisse für einen Probebaum exemplarisch aufgeführt.

3.5.1. Längenentwicklung sylleptischer Triebe

Wie in Abschn. 3.4.1. herausgestellt, sind sylleptische Triebe im Jahr ihrer Entstehung bei Fichte akroton, bei Lärche basiton gefördert. Anhand von Untersuchungen an Lateraltrieben 1.Ordnung von zwei- bis vierjährigen Terminaltrieben war zu klären, welchen Förderungsverhältnissen diese Triebe in ihrem weiteren Längenwachstum unterworfen sind.

3.5.1.1. Fichte

Bereits die am zweijährigen Terminaltrieb subapikal angelegten regulären Lateraltriebe übertreffen die basipetal angrenzenden Lateraltriebe sylleptischen Ursprungs erheblich an Länge. Die stärkere Streckung der Regulärtriebe überkompensiert dabei den Längenvorsprung sylleptisch enstandener Triebe. Zur Triebbasis hin nimmt die Lateraltrieblänge kontinuierlich ab (Tab.14, Abb.34).

Tab.:14 **Fichte**: durchschn. Längen (in cm) sylleptischer (Ls) und regulärer (Lr) Jahrestriebe 1.Ordnung (zweijähriger Terminaltrieb; untergliedert in 10 Abschnitte gleicher rel. Länge)

Tab.:14 ***Norway spruce***: *Average length of sylleptic (Ls) and regular (Lr) order 1 shoots (2-years old terminal leader)*

	Lr 1987	Ls 1986	Summe Lr+Ls	% vom höchsten Wert (Lr+Ls)
-100%	32,2	0,0	32,2	**100,0**
- 90%	27,5	3,5	31,0	96,2
- 80%	19,4	3,2	22,6	70,2
- 70%	14,3	0,0	14,3	44,4
- 60%	12,2	0,0	12,2	37,9
- 50%	11,3	0,0	11,3	35,1
- 40%	11,0	0,0	11,0	34,2
- 30%	9,5	0,0	9,5	29,5
- 20%	8,8	0,0	8,8	27,3
- 10%	7,8	0,0	7,8	24,2

Lateraltriebe am vierjährigen Terminaltrieb haben bei ungestörtem Wachstum drei reguläre Jahrestriebe gebildet. Waren sie sylleptischen Ursprungs, so weisen sie einen vierten Jahrestrieb auf.

Wie bereits am zweijährigen Terminaltrieb, zeigt sich auch hier die basipetale Längenabnahme der Seitenverzweigungen 1.Ordnung (Tab. 15, Abb. 34). Sylleptisch enstandene Lateraltriebe beeinflussen dieses Hierarchiegefälle nicht.

Tab.:15 **Fichte:** durchschn. Längen (in cm) sylleptischer (Ls) und regulärer (Lr) Jahrestriebe 1.Ordnung (vierjähriger Terminaltrieb; untergliedert in 10 Abschnitte gleicher rel. Länge)

Tab.:15 ***Norway spruce:*** *Average length of sylleptic (Ls) and regular (Lr) order 1 shoots (4-years old terminal leader)*

	Lr 1987	Lr 1986	Lr 1985	Ls 1984	Summe Länge	% vom höchsten Wert (Su. Länge)
-100%	29,0	32,7	23,3	0,0	85,0	**100,0**
- 90%	24,0	28,0	20,0	3,0	75,0	88,2
- 80%	23,5	25,5	18,5	2,0	69,5	81,8
- 70%	10,0	14,5	9,5	0,0	34,0	40,0
- 60%	9,5	12,0	10,5	0,0	32,0	37,6
- 50%	8,6	12,3	10,0	0,0	30,9	36,4
- 40%	6,5	12,0	10,0	0,0	28,5	33,5
- 30%	5,5	10,0	10,0	0,0	25,5	30,0
- 20%	1,5	8,5	8,5	0,0	18,5	21,8
- 10%	1,0	8,0	7,5	0,0	16,5	20,1

Hier nicht gesondert dargestellte, zweijährige Lateraltriebe am dreijährigen Terminaltrieb folgen dem gleichen Trend.

Abb.:34 **Fichte** : Trieblängen (in cm) regulär und sylleptisch entstandener Lateraltriebe 1.Ordnung am zweijährigen zweijährigen (a) und vierjährigen (b) Terminaltrieb

Fig.:34 ***Norway spruce:*** *Shoot lengths of regular and sylleptic order 1 branches on 2- (a) and 4-years old (b) terminal leaders*

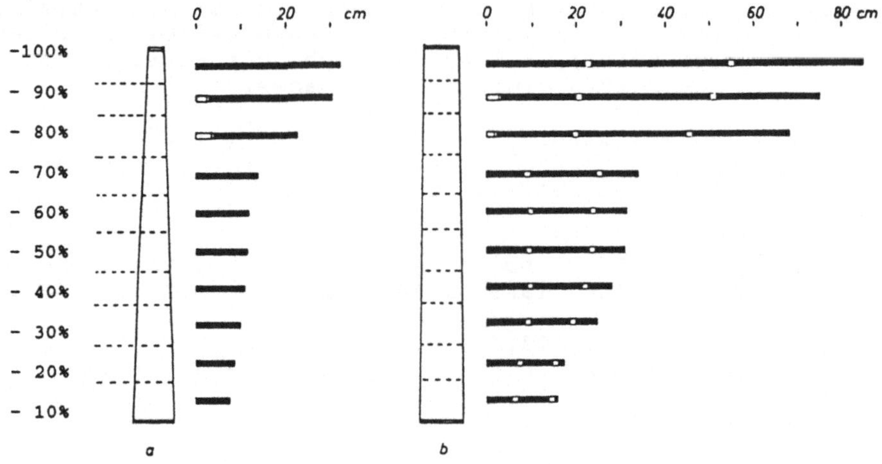

Zeichenerklärung: s sylleptisch, r regulär entstandener Trieb
1984,1985,... Enstehungsjahr des Triebes

s r
1986 1987

s r r r
1984 1985 1986 1987

3.5.1.2. Lärche

Wie bereits in Abschn 3.4.1. dargelegt, zeigen **sylleptische** Triebe des Vorjahres am zweijährigen Terminaltrieb die arttypische basipetale Längenzunahme (Tab.16; Abb.35a). Im Gegensatz dazu erreichen die **regulären** Jahrestriebe des Jahres 1987 am gleichen Terminaltrieb subapikal die größte Trieblänge. Diese nimmt jedoch zur Triebbasis hin nicht gleichmäßig ab. Im medialen Terminaltriebabschnitt (30-60%) steigt im Bereich der vorjährigen sylleptischen Verzweigung die reguläre Jahrestrieblänge 1987 wieder an. Die Länge der obersten regulär entstandenen Lateraltriebe wird dabei nicht mehr erreicht.
Einjährige, reguläre Lateraltriebe holen den Längenvorsprung von Trieben sylleptischen Ursprungs nicht auf. Betrachtet man die gesamte Trieblänge (syllept. Trieblänge 1986 + reguläre Trieblänge 1987) so findet man die größten Werte am Terminaltriebabschnitt mit sylleptischer Verzweigung (bei 20-30% der Terminaltrieblänge).

Tab.:16 **Lärche**: durchschn. Längen (in cm) sylleptischer (Ls) und regulärer (Lr) Jahrestriebe 1.Ordnung (zweijähriger Terminaltrieb; untergliedert in 10 Abschnitte gleicher rel. Länge)

Tab.:16 ***European larch:*** *Average length of sylleptic (Ls) and regular (Lr) order 1 shoots (2-years old terminal leader)*

	Lr 1987	Ls 1986	Summe Länge	% vom höchsten Wert (Lr+Ls)
-100%	61,3	0,0	61,3	79,0
- 90%	47,8	0,0	47,8	61,6
- 80%	45,2	1,5	46,7	60,2
- 70%	43,5	3,3	46,8	60,3
- 60%	49,5	8,6	58,1	74,9
- 50%	51,2	12,8	64,0	82,5
- 40%	51,6	16,5	68,1	87,8
- 30%	51,8	25,8	77,6	**100,0**
- 20%	47,4	28,8	76,2	98,2
- 10%	38,5	31,6	70,1	90,3

Am vierjährigen Terminaltrieb haben dagegen die distal inserierten, rein regulären Lateraltriebe die Triebe sylleptischen Ursprungs im Längenwachstum übertroffen (Tab.17; Abb.35b).
Bei allen drei regulär gebildeten Jahrestrieben von 1985 bis 1987 nimmt die Trieblänge basipetal nicht gleichmäßig ab. Vielmehr steigt sie im Bereich des sylleptisch verzweigten Terminaltriebabschnittes wieder an.

Tab.:17 **Lärche:** durchschn. Längen (in cm) sylleptischer (Ls) und regulärer (Lr) Jahrestrieben 1.Ordnung (vierjähriger Terminaltrieb; untergliedert in 10 Abschnitte gleicher rel. Länge)

Tab.:17 ***European larch:*** *Average length of sylleptic (Ls) and regular (Lr) order 1 shoots (4-years old terminal leader)*

	Lr 1987	Lr 1986	Lr 1985	Ls 1984	Summe Länge	% vom höchs-Wert (Su. Länge
-100%	86,0	38,8	65,0	0,0	190,6	**100,0**
- 90%	71,7	34,2	61,2	0,0	167,1	87,7
- 80%	66,2	32,0	54,0	0,0	152,2	79,9
- 70%	57,0	23,8	48,2	0,0	129,0	67,7
- 60%	66,0	29,6	43,4	6,4	145,4	76,3
- 50%	63,2	26,4	45,2	11,4	146,2	76,7
- 40%	62,5	25,2	47,9	17,2	152,8	80,2
- 30%	57,4	17,4	41,3	18,8	134,9	70,8
- 20%	44,4	15,4	34,2	21,4	115,4	60,5
- 10%	44,0	13,3	31,3	21,8	110,4	57,9

Abb.:35 **Lärche** : Trieblängen (in cm) regulär und sylleptisch entstandener Lateraltriebe 1.Ordnung am zweijährigen (a) und vierjährigen (b) Terminaltrieb

Fig.:35 **European larch**: Shoot lengths of regular and sylleptic order 1 branches on 2- (a) and 4-years old (b) terminal leaders

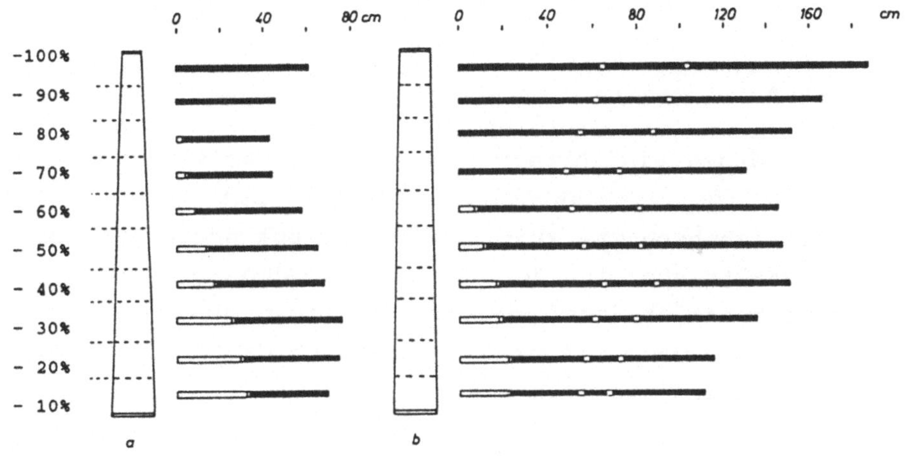

Zeichenerklärung: s sylleptisch, r regulär entstandener Trieb
1984,1985,... Entstehungsjahr des Triebes

s r
1986 1987

s r r r
1984 1985 1986 1987

3.5.1.3. Vergleich zwischen Fichte und Lärche

Das weitere Längenwachstum sylleptisch enstandener Lateraltriebe ist an Terminaltrieben bei **Fichte** ausschließlich akroton gefördert.
Bei **Lärche** sind am bis zu vierjährigen Terminaltrieb andere Verhältnisse zu beobachten. Untergliedert man den Terminaltrieb in zwei Abschnitte mit Lateraltrieben regulären bzw. sylleptischen Ursprungs, so nimmt die Trieblänge zur Basis jeden Abschnittes hin ab.

3.5.2. Längenentwicklung regulärer Triebe

Im Unterschied zu sylleptischen Trieben sind reguläre Triebe im Jahr ihrer Entstehung bei beiden Baumarten akroton gefördert. Um den Einfluß der Akrotonie auf das weitere Längenwachstum von Lateraltrieben 1. Ordnung quantifizieren zu können, wurden Terminaltriebe mit ausschließlich regulärer Verzweigung untersucht.

3.5.2.1. Fichte

Die Längen einjähriger und dreijähriger Lateraltriebe an zwei- bzw. vierjährigen Terminaltrieben gehen am Terminaltriebabschnitt zwischen 70 und 80% sprunghaft zurück. Lateraltriebe in der Terminaltriebmitte (40-70% rel. Terminaltrieblänge) zeigen deutliche Unterschiede. Sie sind am vierjährigen Terminaltrieb deutlich kürzer, als am zweijährigen (Tab.18).

Tab.:18 **Fichte:** durchschn. Lateraltrieblängen (dL) am zweijährigen und vierjährigen Terminaltrieb (in cm); (Terminaltrieb untergliedert in 10 Abschnitte gleicher relativer Länge)

Tab.:18 ***Norway spruce:*** *Average length of regular shoots (dL) on 2- and 4-years old terminal leaders*

	zweijähriger Terminaltrieb		vierjähriger Terminaltrieb	
	dL	% vom höchsten Wert	dL	% vom höchsten Wert
- 100%	**48,0**	**100,0**	98,9	**100,0**
- 90%	42,5	88,5	85,5	86,5
- 80%	28,4	59,2	60,3	60,9
- 70%	23,6	49,2	35,3	35,7
- 60%	19,0	39,6	34,0	34,4
- 50%	18,6	38,8	32,5	32,9
- 40%	14,0	29,2	27,5	27,8
- 30%	13,4	27,9	27,0	27,3
- 20%	12,8	26,7	24,5	24,7
- 10%	10,5	21,9	20,0	20,2

3.5.2.2. Lärche

Die Längenabnahme der regulären Langtriebe verläuft am zweijährigen und vierjährigen Terminaltrieb kontinuierlich (Tab.19). Offenbar bleiben die Hierarchieverhältnisse auch mit zunehmendem Alter der Lateraltriebe erhalten. An den basisnahen Triebabschnitten werden in beiden Fällen nur noch Kurztriebe gebildet.

Tab.:19 **Lärche**: durchschn. Lateraltrieblängen (dL) am zweijährigen und vierjährigen Terminaltrieb (in cm); (Terminaltrieb untergliedert in 10 Abschnitte gleicher relativer Länge)

*Tab.:19 **European larch**: Average length of regular shoots (dL) on 2- and 4-years old terminal leaders*

	zweijähriger Terminaltrieb		vierjähriger Terminaltrieb	
	dL	% vom höchsten Wert	dL	% vom höchsten Wert
-100%	42,0	100,0	64,9	100,0
- 90%	37,2	88,6	60,8	93,7
- 80%	35,4	84,3	57,6	88,6
- 70%	33,0	78,6	55,8	86,0
- 60%	30,0	71,4	50,8	78,3
- 50%	29,5	70,2	44,3	68,3
- 40%	26,4	62,9	39,5	60,9
- 30%	0,0	0,0	0,0	0,0
- 20%	0,0	0,0	0,0	0,0
- 10%	0,0	0,0	0,0	0,0

3.5.2.3. Vergleich zwischen Fichte und Lärche

Im Gegensatz zur **Lärche** verstärkt sich bei der **Fichte** die akrotone Förderung mit steigendem Lateraltriebalter. Medial inserierte Lateraltriebe sind am vierjährigen Terminaltrieb kürzer als am zweijährigen.
Insgesamt vollzieht sich der in Richtung Triebbasis ablaufende Längenrückgang unabhängig vom Terminaltriebalter bei **Fichte** kontinuierlicher als bei **Lärche**.

3.5.3. Längenentwicklung nachzeitiger Triebe

Das Längenwachstum einjähriger, nachzeitig enstandener Langtriebe wird bei beiden Baumarten nicht durch die Position in der Krone beeinflußt (vgl. Abschn. 3.4.3.).

3.5.3.1. Fichte

Nur 65% der Proventivtriebe trieben im zweiten Jahr abermals aus. Mit durchschnittlich 5cm (±1,5cm) war der Jahrestrieb etwa 50% kürzer als der vorjährige. Bei dreijährigen Proventivtrieben betrug der Anteil mit jährlicher Triebbildung nur noch 15% (durchschnittl. Jahrestrieblänge 4cm ±1cm).

3.5.3.2. Lärche

Im zweiten Jahr hatten nur noch 50% der aus Kurztrieben entstandenen Langtriebe einen weiteren Jahrestrieb gebildet. Dieser war im Vergleich zum Vorjahr um etwa 40% kürzer. Von den dreijährigen, nachzeitig entstandenen Langtrieben hatten nur noch 20% ausgetrieben.

3.5.3.3. Vergleich zwischen Fichte und Lärche

Auch in den Folgejahren sind nachzeitig entstandene Triebe bei jungen **Fichten** und **Lärchen** für den Kronenaufbau bedeutungslos. Kürzere Trieblängen und häufiges Aussetzen weisen auf eine geringere Vitalität gegenüber Trieben sylleptischen und regulären Ursprungs hin.

3.6. Eingestelltes Längenwachstum

Unabhängig von der Art und Zeit ihrer Enstehung, wird die Längenentwicklung von Trieben in der Regel durch weitere Jahrestriebe fortgesetzt (Expansionsphase). Es entstehen Triebketten gleicher Verzweigungsordnung.
Bei gleichbleibenden Umweltbedingungen führt in den folgenden Jahren insbesondere der Einfluß der akrotonen Förderung dazu, daß Triebketten höherer Verzweigungsordnung sowie nahe der Basis der Mutterachse inserierte Triebketten ihr Längenwachstum einstellen. Die Endkospen bilden keine neuen Längentriebe mehr, sie verharren im Ruhezustand (Stagnationsphase).
Die Gesamtauswertung aller im Rahmen dieser Untersuchung gewonnenen Daten zeigte, daß bei beiden Baumarten Triebe, die einmal im Längenwachstum ausgesetzt haben, ihr Längenwachstum in den Folgejahren nicht wieder aufnehmen. Im Weitern werden diese Triebe daher als **Triebe mit eingestelltem Längenwachstum** bezeichnet.

Um Einblicke in das Ausmaß dieser Erscheinung zu gewinnen, wurden bei beiden Baumarten Triebe verschiedener Verzweigungsordnungen untersucht. Nachzeitige Triebe blieben wegen ihrer untergeordneten Bedeutung für den Kronenaufbau unberücksichtigt.

3.6.1. Fichte

Alle zwei- und dreijährigen Lateraltriebe 1.Ordnung setzen ihr Längenwachstum jährlich fort. Erst an vierjährigen Lateraltrieben kommt es nahe der Terminaltriebbasis nicht mehr zum Austrieb der Endknospen (Tab.20). An fünfjährigen Lateraltrieben nimmt die Zahl von Trieben mit eingestelltem Längenwachstum akropetal deutlich zu und erfasst im Mittel aus 10 Probebäumen bis zu 30% aller am betreffenden Terminaltrieb gebildeten Lateraltriebe.

Seitenverzweigungen **2.Ordnung** mit eingestelltem Längenwachstum treten erstmals an den dreijährigen, proximalen Lateraltrieben 1.Ordnung auf. Ihre Zahl nimmt mit steigendem Lateraltriebalter zu. Bei fünfjährigen Lateraltrieben weisen auch die am Terminaltrieb distal inserierten Seitenverzweigungen 2.Ordnung eingestelltes Längenwachstum auf. Im Durchschnitt aller Seitenverzweigungen 2.Ordnung haben hier 35% mindestens einmal ihr Längenwachstum eingestellt.
An fünfjährigen Lateraltrieben unterbleibt bereits an 81% der Seitenverzeigungen **3.Ordnung** das weitere Längenwachstum.

Insgesamt betrachtet haben an den untersuchten Fichten 23,9% aller an den bis zu fünfjährigen Lateraltrieben gebildeten Verzweigungen mindestens einmal ihr Längenwachstum eingestellt.

Tab.:20 **Fichte** : Prozentanteil von Trieben mit eingestelltem Längenwachstum an Verzweigungen 1. bis 3.Ordnung von ein- bis sechsjährigen Terminaltrieben

Tab.:20 ***Norway spruce:*** *Percentage of shoots with ceased growth on order 1 to order 3 branches from 1- to 6-years old terminal leaders*

Terminal-trieb-alter	Lateral-trieb-alter	Verzweigung 1.Ordn.	2.Ordn.	3.Ordn.
1				
2	1			
3	2	0,0		
4	3	0,0	3,4	
5	4	5,2	27,3	33,4
6	5	30,1	35,2	81,0

3.6.2. Lärche

Betrachtet man zunächst nur Lateraltriebe mit ausschließlich regulärer Triebbildung, so nimmt die Zahl der Triebe, die ihr Längenwachstum einstellen sowohl mit steigender Verzweigungsordnung, als auch mit zunehmendem Lateraltriebalter zu (Tab.21). An jedem Jahrestrieb sind dabei zunächst die proximalen Triebe betroffen.

Tab.:21 **Lärche:** Prozentanteil von Trieben mit eingestelltem Längenwachstum an Verzweigungen 1. bis 3.Ordnung an ein- bis sechsjährigen Terminaltrieben (reguläre Triebbildung)

Tab.:21 ***European larch:*** *Percentage of shoots with ceased growth on order 1 to order 3 branches from 1- to 6-years old terminal leaders*

Terminal-trieb-alter	Lateral-trieb-alter	Verzweigung 1.Ordn.	2.Ordn.	3.Ordn.
1				
2	1			
3	2	0,0		
4	3	1,5	8,5	
5	4	12,2	19,5	34,8
6	5	41,0	25,0	62,3

An den untersuchten ein- bis fünfjährigen Lateraltrieben hatten insgesamt 22,8% aller Triebe mindestens einmal ihr Längenwachstum eingestellt.

Werden auch Triebe sylleptischen Ursprungs berücksichtigt, so muß zuvor noch einmal auf die arttypischen Kennzeichen der sylleptischen Triebbildung verwiesen werden:

1. sylleptische Triebe entstehen am proximalen Terminaltriebabschnitt
2. ihre Länge nimmt basipetal zu

Wie die bisherigen Ergebnisse zeigen, stellen jene Triebe

sylleptischen Ursprungs mit dem größten Längenwachstum im Jahr ihres vorzeitigen Austriebes in späteren Jahren als erste die weiteren Triebbildung ein.

3. Sylleptische Triebbildung bleibt auf den Terminaltrieb und auf Verzweigungen 1.Ordnung beschränkt
4. am gleichen Jahrestrieb weisen sylleptische Verzweigungen immer einen Längentrieb mehr auf als regulär gebildete Verzweigungen

Ein Einstellen des Längenwachstums kann daher bei Verzweigungen sylleptischen Ursprungs schon am zweijährigen Trieb, bei regulären Verzweigungen jedoch erst am dreijährigen Trieb auftreten.

Wie Tab.22 zeigt, folgen reguläre Triebe auch bei Anwesenheit von Trieben sylleptischen Ursprungs dem in Tab.21 dargestellten Trend.
Unabhängig vom Lateraltriebalter und unabhängig von der Verzweigungsordnung stellen prozentual mehr Triebe sylleptischen Ursprungs ihr Längenwachstum ein, als reguläre. Regulär enstandene Triebe 1.Ordnung am zwei- und dreijährigen Terminaltrieb weisen noch alle Jahrestriebe auf. Im Gegensatz dazu fehlen an sylleptisch entstandenen Trieben 1.Ordnung am dreijährigen Terminaltrieb bereits etwa 15% des einjährigen Jahrestriebes.

Vergleicht man die Gesamtdurchschnittswerte aller bis zum Alter sechs ausgefallenen Jahrestriebe so zeigt sich, daß gegenüber regulären Verzweigungen beim Auftreten sylleptischer Triebbildung mit 27,6% um rund 5% mehr Triebe ihr Längenwachstum eingestellt haben.

Tab.:22 **Lärche:** Prozentanteil von Trieben mit eingestelltem Längenwachstum an Verzweigungen 1. bis 3.Ordnung an ein- bis sechsjährigen Terminaltrieben (s Triebe sylleptischen Ursprungs; r Triebe regulären Ursprungs)

Tab.:22 ***European larch:*** *Percentage of shoots with ceased growth on order 1 to order 3 branches from 1- to 6-years old terminal leaders (s shoots of sylleptic, r shoots of regular origin)*

Terminal-trieb-alter	Lateral-trieb-alter	Verzweigung 1.Ordn.		2.Ordn.		3.Ordn.	
		r	s	r	s	r	s
1							
2	1	0,0					
3	2	0,0	15,6		25,3		
4	3	2,1	20,2	10,2	30,2		
5	4	11,9	29,1	18,5	38,7	40,2	
6	5	40,2	60,2	26,4	40,5	62,5	

3.6.3. Vergleich zwischen Fichte und Lärche

Bei beiden Baumarten ist das Einstellen des Längenwachstums von Triebketten ein wichtiger Faktor in der weiteren Kronenentwicklung. Sowohl mit zunehmenden Lateraltriebalter, als auch mit steigender Verzweigungsordnung nimmt der Anteil von Trieben mit eingestelltem Längenwachstum zu. Das Gesamtmittel dieser Triebe bis zum Alter sechs liegt bei **Fichte** nur um 1% höher als bei **Lärche**.

Tritt bei **Lärche** Syllepsis auf, so erhöht sich einerseits die Triebzahl, andererseits nimmt aber auch die Zahl der Triebe mit eingestelltem Längenwachstum zu.

Die bei **Fichte** ausschließlich an Verzweigungen 1.Ordnung auftretenden sylleptische Triebbildungen sind auf Grund ihrer distalen Ansatzstellen davon nicht betroffen.

3.7. Endogene und exogene Einflüsse auf das Verzweigungsverhalten junger Fichten und Lärchen

In den Forstämtern Kipfenberg und Thiergarten wurden vergleichende Untersuchungen durchgeführt, um standortsunabhängige und standortsabhängige Faktoren in ihrer Bedeutung für das Verzweigungsverhalten junger Fichten und Lärchen zu erfassen.

Entsprechende Aufnahmen konzentrierten sich auf das Vorkommen sylleptischer Verzweigungen. In den Abschn. 3.7.2., 3.7.5., 3.7.6. und 3.7.10. ist auch die reguläre Verzweigung als weitere Form expansiver Triebbildung behandelt.
Proleptische und nachzeitige Triebe haben hingegen für den Kronenaufbau junger Fichten und Lärchen nur geringe Bedeutung (Abschn. 3.4., 3.5.). Deswegen wurden diese Verzweigungsformen nicht weiter betrachtet.

3.7.1. Rechenmodell zur Quantifizierung regulärer Triebe bei Fichte und Lärche

Im Unterschied zu sylleptischen Trieben, die bei beiden Baumarten vorwiegend am Terminaltrieb auftreten und deren Zahl auch relativ gering bleibt, steigt die Zahl regulär gebildeter Triebe bei ungestörtem Wachstum, bezogen auf den gesamten Baum, mit zunehmendem Alter exponentiell an (s.u.).
Mit Hilfe eines Rechenmodelles sollte daher die Möglichkeit geschaffen werden Unterschiede in der Zahl regulär gebildeter Triebe auch dann nachzuweisen, wenn nicht alle bis zum Alter x gebildeten Triebe einzeln nachgezählt werden.

Ein derartiges Modell sollte darüberhinaus folgende Bedingungen erfüllen:

- es sollte sich am vorgegebenen natürlichen Verzweigungsmuster der beiden Baumarten orientieren
- sowohl individuelle als auch standörtliche Unterschiede in der Triebhäufigkeit sollten quantifizierbar sein und
- es sollte auch bei inhomogenen Stichproben, d.h. unterschiedlicher Individuenzahl je Standort und/oder unterschiedlicher Probenzahl je Baum, seine Gültigkeit behalten

Ziel war es, mit Hilfe dieses Modelles die Zahl aller bis zum Alter x gebildeten regulären Jahrestriebe je Baum zu errechnen.

Die Zahl der Jahrestriebe folgt einer mathematischen Gesetzmäßigkeit.
Geht man modellhaft davon aus, daß ein Individuum in jedem Jahr eine neue Seitenverzweigung 1.Ordnung bildet und die älteren Triebe dabei um einen Jahrestrieb verlängert werden (Verzweigungsfaktor 1), so sind bis zum Alter zwei 1, bis zum Alter drei 3, bis zum Alter vier 6 usw. Jahrestriebe 1.Ordnung entstanden (Abb.36).

Abb.:36 Schematische Darstellung der Zahl der Jahrestriebe (JT) an Verzweigungen 1.Ordnung bei einem Verzweigungsfaktor 1 für ein- bis vierjährige Pflanzen

Fig.:36 Number of shoots (JT) on first order branches (1- to 4-years old plants; branching factor = 1)

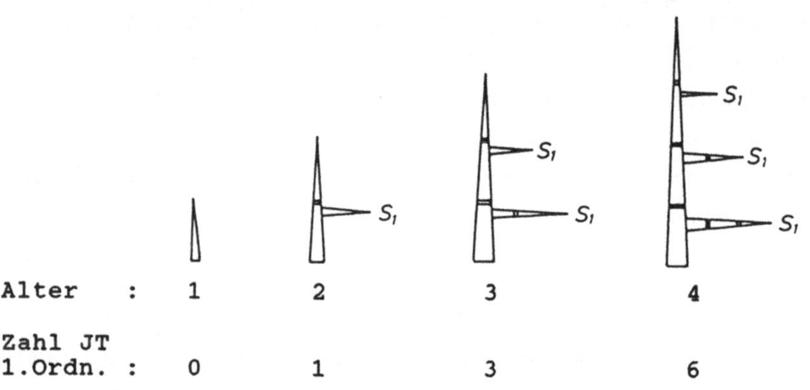

Alter :	1	2	3	4
Zahl JT 1.Ordn. :	0	1	3	6

Wird dieses System zeitlich fortgeführt, so erhält man die in Abb. 37 für Seitenverzweigungen 1.Ordnung (S_1) dargestellte Kurve. Nach der gleichen Methode kann für Seitenverzweigungen 2.Ordnung (S_2) und 3.Ordnung (S_3) die Gesamtzahl der Jahrestriebe in Abhängigkeit vom Baumalter ermittelt werden.

Jede dieser Kurven kann in einer mathematischen Funktion beschrieben werden. Dabei gilt für:

$$\text{Summe JT } S_1 = -0{,}5x + 0{,}5x^2 \quad (1)$$

$$\text{Summe JT } S_2 = 0{,}33x - 0{,}5x^2 + 0{,}1667x^3 \quad (2)$$

$$\text{Summe JT } S_3 = -0{,}25x + 0{,}458x^2 - 0{,}25x^3 + 0{,}0416x^4 \quad (3)$$

(x = Baumalter in Jahren, JT Jahrestriebzahl)

Abb.:37 Zusammenhang zwischen dem Baumalter und der Gesamtzahl regulärer Jahrestriebe von Seitenverzweigungen 1.Ordnung (S_1), 2.Ordnung (S_2) und 3.Ordnung (S_3) bei Verzweigungsfaktor 1

Fig.:37 Connection between tree age and total number of regular shoots on order 1 (S_1), order 2 (S_2) and order 3 (S_3) branches (branching factor for calculation model = 1)

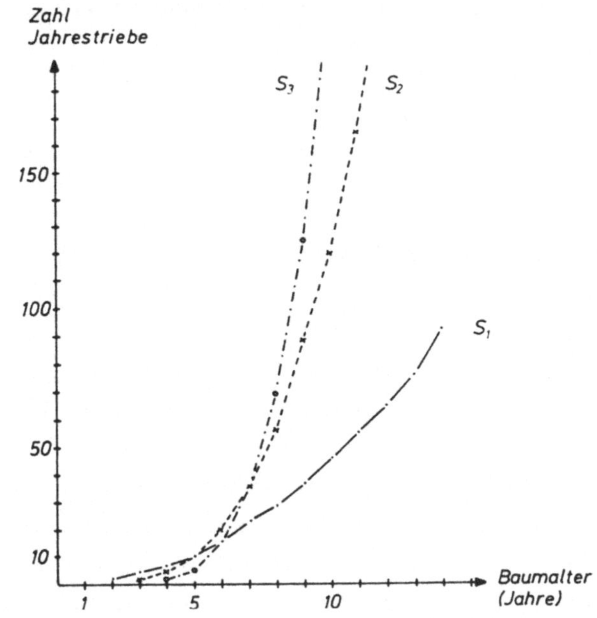

Grundlage der oben abgeleiteten Formeln (1) -(3) war der Verzweigungsfaktor 1. Sollen diese Einzelfunktionen zur Ermittlung aller bis zum Alter x entstandenen Jahrestriebe 1. bis 3.Ordnung zu einer Gesamtfunktion zusammengefaßt werden, so müssen

- die Einzelfunktionen (1), (2) und (3) addiert werden und
- jede Einzelfunktion muß um einen anderen (höheren) als den Verzweigungsfaktor 1 korrigiert werden

Unter dieser Voraussetzung ergibt sich folgende Gesamtfunktion:

$$GJT = (1)\ V_1 + (2)\ V_1\ V_2 + (3)\ V_1\ V_2\ V_3 \qquad (4)$$

(GJT Gesamtjahrestriebzahl an Verzweigungen 1.-3.Ordnung bis zum Alter x

V_n durchschnittlicher Verzweigungsfaktor von Verzweigungen n-ter Ordnung)

Dabei sind V_1, V_2 und V_3 individuelle bzw. standörtliche Konstanten.

Im Rahmen der morphologischen Stichprobenuntersuchungen wurden bei jedem Probebaum je Quirl 4 Probeäste entnommen. Soll für einen Probebaum die bis zum Alter x gebildete Jahrestriebzahl von Verzweigungen 1.-3.Ordnung errechnet werden, so ergibt sich bedingt durch die Probenzahl für $V_1 = 4$.
V_2 und V_3 sind aus dem Probenmaterial abzuleiten. Dabei wird im Fall von V_2 die durchschnittliche Zahl von Verzweigungen 2.Ordnung ermittelt. V_3 entspricht der durchschnittlichen Zahl von Verzweigungen 3.Ordnung.

Verzweigungen 4.Ordnung traten nur in Einzelfällen auf und wurden daher bei der Modellrechnung nicht berücksichtigt.

Zur Quantifizierung individueller und standörtlicher Unterschiede in der Jahrestriebzahl wurden, wie beschrieben bei jungen Fichten und Lärchen eine begrenzte Zahl von Probeästen herangezogen. Die auf dieser Grundlage nach Formel (4) berechneten Jahrestriebzahlen sind daher ausschließlich als Vergleichswerte zwischen verschiedenen Bäumen oder Standorten zu interpretieren.

3.7.2. Standortsabhängiges Verzweigungsverhalten

Mit dem Ziel die natürliche standortsabhängige Streubreite sylleptischer und regulärer Triebbildung zu erfassen wurden in den FoA Kipfenberg und Thiergarten markierte Probebäumen von Fichte und Lärche untersucht.

3.7.2.1. Häufigkeiten sylleptischer Triebe

Im Frühjahr 1985 wurden an 50 Probebäumen je Baumart die Zahl der sylleptischen Triebe erfaßt, die an den Terminaltrieben von 1982-1984 gebildet worden waren. Im Herbst des gleichen Jahres, sowie am Ende der beiden folgenden Vegetationsperioden wurde die Zahl der jeweils am einjährigen Terminaltrieb entstandenen sylleptischen Triebe aufgenommen. Bei **Fichte** wurden nur sylleptische Triebe >2cm, bei Lärche >1cm berücksichtigt.
In allen Jahren zwischen 1982 und 1987 waren an einjährigen Terminaltrieben der untersuchten **Fichten** im FoA Thiergarten mehr sylleptische Triebe gebildet worden als im FoA Kipfenberg (Tab.23). Eine statistische Absicherung war jedoch nur für das Jahr 1985 möglich (p=0,043).

Tab.:23 **Fichte:** Durchschn. Zahl sylleptischer Triebe an einjährigen Terminaltrieben von 1982-1987 (FoA Kipfenberg und Thiergarten; N/FoA und Jahr =50)

Tab.:23 ***Norway spruce:*** *Average number of sylleptic shoots on terminal leaders 1982-87; forest districts Kipfenberg and Thiergarten*

	1982	83	84	85	86	87
Kipfen-berg :	0,42	0,94	1,02	0,90	0,74	1,12
Thier-garten :	0,70	1,06	1,22	1,62	0,88	1,34
Signif.:	0,462	0,793	0,581	0,043	0,612	0,501

Diese Tendenz war bei **Lärche** noch deutlicher ausgeprägt. Wie Tab. 24 zeigt wurden von 1982 bis 1987 an den Probelärchen in Thiergarten bis zu viermal mehr sylleptische Triebe am einjährigen Terminaltrieb gebildet als in Kipfenberg. Die statistische Absicherung der standörtlichen Unterschiede war in jedem dieser Jahre möglich. Auf Grund eines starken Befalls durch den Lärchenblasenfuß (*Thaeniothrips laricivorus* Krat.) konnten die Probebäume aus dem FoA Thiergarten im Jahr 1987 nicht berücksichtigt werden.

Tab.:24 **Lärche**: Durchschn. Zahl sylleptischer Triebe an einjährigen Terminaltrieben von 1982-1987 (FoA Kipfenberg und Thiergarten; N/FoA und Jahr =50)

Tab.:24 ***European larch:*** *Average number of sylleptic shoots on terminal leaders 1982-86; forest districts Kipfenberg and Thiergarten*

	1982	83	84	85	86	87
Kipfenberg :	1,12	3,68	5,44	5,88	4,72	5,85
Thiergarten :	5,17	11,76	21,04	18,50	18,80	-
Signif.:	0,000	0,000	0,000	0,000	0,000	-

In beiden Forstämtern wiesen die Lärchen in den Jahren 1982-87 im Durchschnitt deutlich mehr sylleptische Triebe am Terminaltrieb auf als gleichaltrige Fichten.

3.7.2.2. Häufigkeiten regulärer Triebe

Im Herbst 1987 wurden von jeweils 10 der markierten Fichten und Lärchen in den FoA Kipfenberg und Thiergarten Probeäste entnommen (Abschn. 2.2.1.). Je Probebaum wurden die vier distalsten Äste an den vier- bis siebenjährigen

Terminaltrieben ausgewertet.
Nach der im Abschn. 3.7.1. beschriebenen Methode wurde für jeden Baum die durchschnittliche Zahl von Verzweigungen 2.Ordnung (V_2) und 3.Ordnung (V_3) ermittelt und mit Hilfe von Formel (4) je Baum die durchschnittliche Zahl aller an den bis zu sechsjährigen Ästen gebildeten Jahrestriebe errechnet.

Die Mittelwerte der durchschnittlichen Zahl von Verzweigungen 2. und 3.Ordnung, sowie der Gesamtjahrestriebzahl zeigen bei **Fichte** keine wesentlichen Unterschiede zwischen den Forstämtern (Tab.25). Während in Kipfenberg mit durchschnittlich 12,04 Verzweigungen 2.Ordnung und 7479 Jahrestrieben um ca. 10% bzw. 6% höhere Werte erreicht wurden, lag die durchschnittliche Zahl von Verzweigungen 3.Ordnung (3,39) rund 2% niedriger als in Thiergarten.
Für keinen der drei betrachteten Parameter konnten die gefundenen Unterschiede zwischen den beiden Forstämtern statistisch abgesichert werden.

Tab.:25 **Fichte:** Durchschn. Zahl von Verzweigungen 2.Ordnung (V_2) und 3.Ordnung (V_3) sowie Gesamtjahrestriebzahl (GJZ) (FoA Kipfenberg und Thiergarten; Probenzahl/FoA N=10)

Tab.:25 ***Norway spruce:*** *Average number of order 2 (V_2) and order 3 (V_3) branches and total number of shoots (GJZ); forest districts Kipfenberg, Thiergarten*

	V_2	V_3	GJZ
Kipfenberg :	12,04	3,39	7479
Thiergarten:	11,05	3,46	7038

Im Unterschied zu Fichte liegen die entsprechenden Werte für **Lärche** im FoA Thiergarten deutlich höher als im FoA Kipfenberg (Tab.26). Die Probebäume aus Thiergarten hatten nahezu doppelt soviele Jahrestriebe und Verzweigungen 3.Ordnung sowie ca. 50% mehr Verzweigungen 2.Ordnung gebildet als gleichalte Lärchen aus Kipfenberg. Diese Ergebnisse sind für Verzweigungen 2.Ordnung mit p=0,039 sowie für die Gesamtjahrestriebzahl mit p=0,036 abgesichert.

Tab.:26 **Lärche**: Durchschn. Zahl von Verzweigungen 2.Ordnung (V_2) und 3.Ordnung (V_3) sowie Gesamtjahrestriebzahl (GJZ) (FoA Kipfenberg und Thiergarten; Probenzahl/FoA N=10)

Tab.:26 ***European larch**: Average number of order 2 (V_2) and order 3 (V_3) branches and total number of shoots (GJZ); forest districts Kipfenberg and Thiergarten*

	V_2	V_3	GJZ
Kipfenberg :	5,89	0,33	1214
Thiergarten:	8,82	0,62	2210

Unabhängig vom Standort bilden Fichten gegenüber gleichaltrigen Lärchen wesentlich mehr Verzweigungen - inbesondere 3.Ordnung - aus. Gleiches gilt für die Anzahl der Jahrestriebe.

3.7.3. Gaschromatographische Untersuchungen zur Beurteilung der Herkunftsfrage bei Lärche

BURGER (1944) sowie LEIBUNDGUT und KUNZ (1952) fanden bei Provenienzversuchen, daß verschiedene Herkünfte von *Larix decidua* (Mill.) unterschiedlich stark zu sylleptischer Triebbildung neigen.
Da in den beiden Forstämtern keine Angaben über die Herkunft der untersuchten Lärchen vorlagen, wurden zur Beurteilung der Frage, ob die zwischen Kipfenberg und Thiergarten gefundenen Unterschiede in der Syllepsishäufigkeit herkunftsbedingt sind, gaschromatographische Analysen der Monoterpenfraktion durchgeführt. Nach LANG (1976) lassen sich so insbes. Alpenlärchen von Lärchen aus den übrigen Teilen des Areals trennen. In allen Proben waren jeweils 8 verschiedene Monoterpene nachzuweisen. Ausgewertet wurden nur jene Komponenten, deren Anteil mehr als 1% an der Gesamtpeakfläche betrug (LANG 1987).

Wie Tab.27 zeigt, liegen die prozentualen Anteile von αPinen, Camphen, βPinen, Δ3 Caren und βPhellandren im untersuchten Probenmaterial aus Thiergarten und Kipfenberg etwa gleich hoch. Signifikante Mittelwertunterschiede waren in keinem Fall nachweisbar.

Tab.:27 Durchschnittliche prozentuale Anteile verschiedener Monoterpene von Lärchen aus den FoA Kipfenberg und Thiergarten

Tab.:27 Monoterpene composition of 1-year old shoots of European larch; forest districts Kipfenberg and Thiergarten

	αPinen	Camphen	βPinen	Δ3 Caren	βPhellandren
Kipfenberg :	75,68	1,01	16,81	3,06	1,74
Thiergarten:	73,15	1,54	18,29	2,70	2,10

Wegen des geringen 3 Caren Anteils sind die Lärchen aus beiden Forstämtern der Alpenlärche zuzuordnen (LANG mündl. Mitteilung).

3.7.4. Ernährungszustand

Zur Beurteilung des Ernährungszustandes der untersuchten Fichten und Lärchen wurden nach der in Abschn. 2.4.3. beschriebenen Methode Proben entnommen und später Nährelementanalysen durchgeführt.

Die Spiegelwerte der Mikro- und Makronährelemente lagen auf beiden Standorten für Fichten und Lärchen im Bereich günstiger Versorgung (Tab.28). In Thiergarten wurden in den Nadeln beider Baumarten höhere Schwefelgehalte gefunden. Dies deutet auf eine stärkere Immissionsbelastung dieses Standortes hin (KREUTZER mündl. Mitteilung).

Signifikante Unterschiede in den Spiegelwerten einzelner Elemente zwischen den beiden Standorten sind durch die unterschiedliche Bodenreaktion bzw. durch die jeweiligen geologischen Bedingungen erklärbar. Während in Thiergarten das saure Substrat zu einer verstärkten Aufnahme von Al und Mn führt, weisen insbesondere die Lärchen auf dolomitischem Ausgangsgestein in Kipfenberg höhere Mg- sowie Ca-Spiegelwerte bei gleichzeitig verringerten K-Spiegelwerten auf.

Die Stickstoffversorgung liegt auf beiden Standorten im suboptimalen bis optimalen Bereich. Fichten und Lärchen sind in Thiergarten allerdings geringfügig besser mit diesem Nährelement versorgt.

Tab.:28 Mittelwerte der Makro- (mg/g) und Mikronährelemente (µg/g) bei Fichte und Lärche. (FoA Kipfenberg, FoA Thiergarten; Probenzahl/Baumart und FoA N=15); T-Test: Elementgehalt je Forstamt (Prob.: Irrtumswahrscheinlichkeit; S.G.: Signifikanzgrad, p< 0,05 *, p< 0,01 **, p< 0,001***)

Tab.:28 Means of macro-(mg/g) and micro-nutrient elements (µg/g) in needles of Norway spruce (Fichte) and European larch (Lärche)

	Nährelementgehalt Kipfen-berg	Thier-garten	T - Test Prob.	S.G.
Fichte:				
N	15,6	15,8	0,834	-
P	2,53	2,75	0,401	-
K	8,00	8,22	0,784	-
Ca	6,84	5,55	0,198	-
Mg	0,83	0,70	0,232	-
S	1,27	1,59	0,002	**
Al	68	108	0,079	-
Mn	713	4483	0,008	**
Cu	3,1	3,5	0,202	-
Pb	0,5	0,6	0,074	-
Lärche:				
N	17,8	18,5	0,548	-
P	2,76	2,95	0,358	-
K	5,62	9,20	0,006	**
Ca	6,15	5,96	0,768	-
Mg	3,69	1,39	0,000	***
S	2,28	2,89	0,005	**
Al	68	216	0,045	*
Mn	479	2882	0,005	**
Cu	4,1	4,3	0,493	-
Pb	1,4	1,5	0,702	-

Zur quantitativen Erfassung der Oberflächendeposition wurde je Nadelprobe die Hälfte der Nadeln mit Chloroform gewaschen (Abschn. 2.4.3.).

Die Gegenüberstellung gewaschener und ungewaschener Nadeln ergab in Thiergarten und Kipfenberg für beide Baumarten nur bei Pb einen signifikanten Unterschied. In allen Fällen nahm der Pb Gehalt durch die Chloroformbehandlung jeweils um etwa die Hälfte ab (p < 0,01).

3.7.5. Stickstoff-Düngungsversuche

Durch Düngungsversuche mit Kalkammonsalpeter sollte der Einfluß eines gesteigerten Stickstoffangebotes auf die Triebbildung bei jungen Fichten und Lärchen untersucht werden.

3.7.5.1. Einfluß der Stickstoffdüngung auf die Entwicklung regulärer und die Bildung sylleptischer Triebe

In der Vegetationsperiode 1986 wurden Topf- und Bestandesdüngungen in drei Varianten durchgeführt. An 4jährigen Lärchen eines Topfversuches wurden die Trieblängenentwicklung sowie die Enstehung sylleptischer Triebe untersucht. Ein breiter anelegter Bestandesversuch prüfte vorwiegend den Einfluß der Stickstoffdüngung auf die Syllepsishäufigkeit. Er wurde am Ende der Vegetationsperioden 1986 und 1987 ausgewertet.

3.7.5.1.1. Topfdüngung bei Lärche

Um zunächst die Wirkung der Stickstoffdüngung auf die Wuchsleistung zu ermitteln wurde die diesjährige Terminaltrieblänge gemessen.
Wie Abb.38 zeigt, verlaufen die Summenkurven der Terminaltrieblänge bei den drei Düngervarianten und den Kontrollpflanzen ähnlich. Von Anfang Mai bis Ende Juli nimmt die Terminaltrieblänge etwa linear zu. In den letzten drei Wochen des Beobachtungszeitraumes geht die Längenzunahme stark zurück. Ab Mitte August wird das Längenwachstum der Terminaltriebachse eingestellt.
Die mit insgesamt 20g Kalkammonsalpeter gedüngten Lärchen wiesen gegenüber den Kontrollpflanzen deutlich längere

Terminaltriebe auf. Ihr Längenvorsprung nahm im Verlauf der Vegetationsperiode stetig zu. Mit 40g bzw. 60g gedüngte Pflanzen liegen dagegen in der Längenentwicklung der Terminaltriebe zu allen Meßterminen unter den entsprechenden Werten der Kontrollpflanzen.

Während die Wachstumskurven der Kontrolle und der 40g Variante nahezu parallel verlaufen, läßt der Längenzuwachs der 60g Variante ab dem 28.05. zunehmend nach.

Abb.:38 Terminaltriebentwicklung 1986 (in cm) bei 4jährigen getopften Lärchen in Abhängigkeit von der Düngermenge (0 Kontrolle, 1 mit 20g, 2 mit 40g, 3 mit 60g Kalkammonsalpeter gedüngt; Pflanzenzahl/Behandlung: N = 10)

Fig.:38 Effect of N-fertilization on terminal leader length of European larch (4-years old container plants; 1: 20g, 2: 40g, 3: 60g fertilizer; $NH_4NO_3 + CaCO_3$)

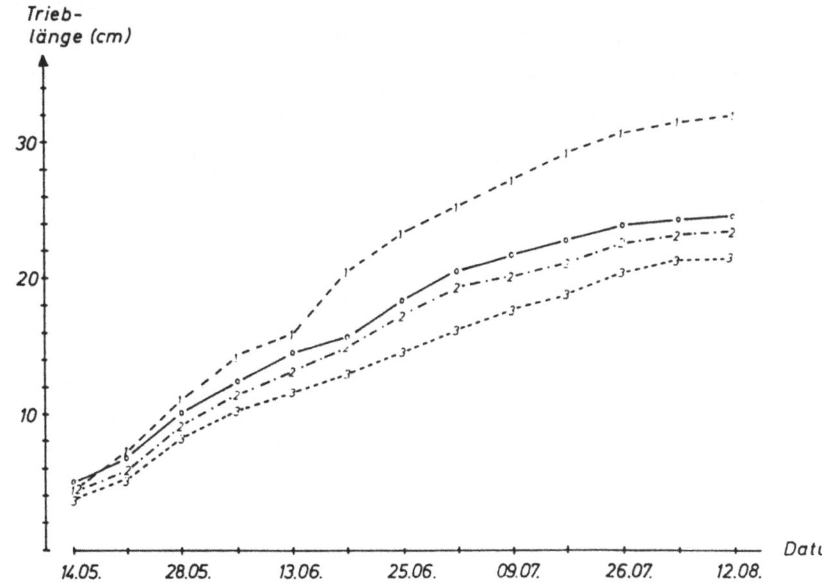

An jedem Aufnahmetermin wurde außerdem die Zahl der an den Terminaltrieben enstandenen sylleptischen Triebe erfaßt (Abb.39). Die in Abschn. 2.2.1. beschriebenen Anfangsstadien sylleptischer Triebe wurden in die Auswertung einbezogen.

Die ersten sylleptischen Triebe entstehen in allen vier Behandlungsvarianten ca. 4 Wochen nach Austriebsbeginn. Der Vergleich mit Abb.38 zeigt, daß die Terminaltriebe unabhängig von der Art der Behandlung zu diesem Zeitpunkt bereits zwischen 40 und 50% ihrer endgültigen Länge erreicht haben.
Die Summenkurven sylleptischer Triebe weisen die gleiche Staffelung auf wie entsprechende Kurven der Terminaltrieblängenentwicklung . Mit 20g gedüngte Pflanzen bilden deutlich mehr sylleptische Triebe als Pflanzen der Kontrolle. Die Kurven der 40g und 60g Varianten liegen wiederum unter der Kontrolle. Während bei der 20g Variante bis zum 26.07. wöchentlich etwa die gleiche Zahl sylleptischer Triebe neu gebildet werden nimmt deren Zahl in der 60g Variante ab dem 19.06. nur noch geringfügig zu.

Abb.:39 Anzahl sylleptischer Triebe am Terminaltrieb 1986 bei 4jährigen getopften Lärchen in Abhängigkeit von der Düngermenge (0 Kontrolle, 1 mit 20g, 2 mit 40g, 3 mit 60g Kalkammonsalpeter gedüngt; Pflanzenzahl/Behandlung N = 10)

Fig.:39 Effect of N-fertilization on number of sylleptic shoots on terminal leaders of European larch (4-years old container plants; 1: 20g, 2: 40g, 3: 60g fertilizer; NH_4NO_3 + $CaCO_3$)

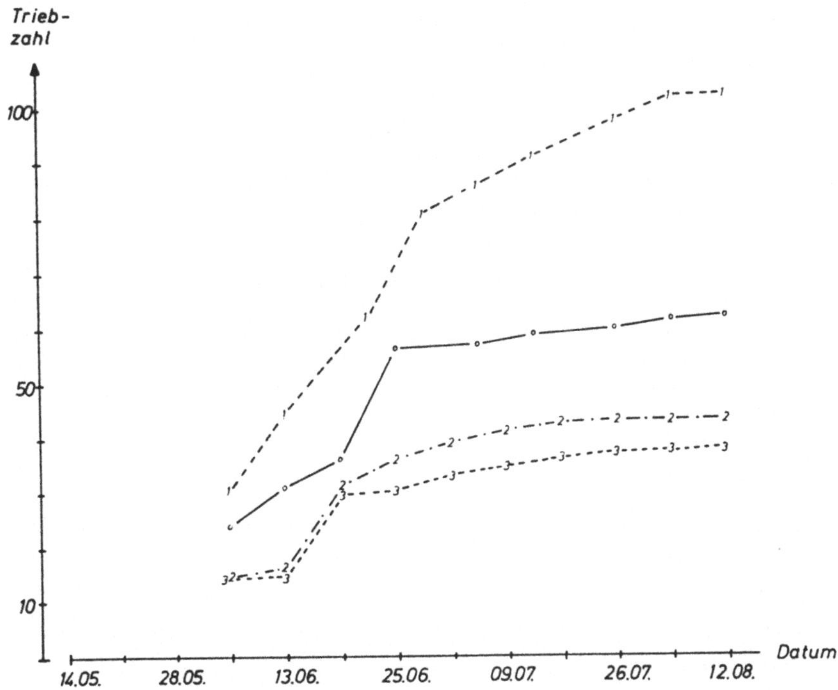

Bisher war allein das Vorkommen sylleptischer Triebe einschließlich schwacher sylleptischer Triebbildungen erfaßt worden. Die Längenentwicklung blieb unberücksichtigt.

Wird bei den einzelnen Behandlungsvarianten der Prozentanteil sylleptischer Triebe mit deutlichem Längenwachstum der Zahl sylleptischer Triebformen gegenübergestellt, die im Anfangsstadium verharren, so ist zwar der Anteil in der 20g Variante am höchsten, der Unterschied zur Kontrolle bzw. zur 40g Variante bleibt jedoch relativ gering. Insgesamt entwickeln sich nur 11 bis 17% aller Anfangsstadien zu gestreckten Trieben weiter. In der 60g Variante unterblieb die Triebstreckung gänzlich (Tab.29).

Tab.:29 Prozentanteil sylleptischer Triebe mit deutlichem Längenwachstum am Terminaltrieb 1986 in Abhängikeit von der Düngermenge

Tab.:29 Influence of N-fertilization on total number of sylleptic shoots (left) and on percentage of sylleptic shoots with evident elongation (right) on 1986 terminal leader

Behandlung bzw. Düngermenge	Anzahl syllept. Triebe insg.	% Anteil syllept. Triebe mit deutl. Längenwachstum
Kontrolle	61	14,8
20 Gramm	101	16,8
40 Gramm	43	11,6
60 Gramm	38	0,0

Die gefundenen Unterschiede ließen sich nicht statistisch absichern.

Auch in der Längenentwicklung deutlich gestreckter sylleptischer Triebe zeigen sich behandlungsspezifische Unterschiede (Abb.40). Die in den Abb.38 und 39 gefundene Staffelung der Einzelkurven kehrt sich hier jedoch um. Mit 20g gedüngte Pflanzen wiesen sowohl die längsten Terminaltriebe, als auch die größte Zahl sylleptischer Triebe auf, die Längenentwicklung der sylleptischen Triebe blieb jedoch deutlich hinter der 40g Variante und den Pflanzen der Kontrolle zurück. Im Gegensatz dazu werden sylleptische Triebe an den Pflanzen der 40g Variante trotz schwächerwüchsiger Terminaltriebe am längsten.

Abb.:40 Längenentwicklung sylleptischer Triebe am Terminaltrieb 1986 bei 4jährigen getopften Lärchen in Abhängigkeit von der Düngermenge (0 Kontrolle, 1 mit 20g, 2 mit 40g gedüngt; Pflanzenzahl/Behandlung N = 10)

Fig.:40 Effect of N-fertilization on growth of sylleptic shoots on 1986 terminal leaders (4-years old container plants; 1: 30g, 2: 40g, 3: 60g fertilizer; NH_4NO_3 + $CaCO_3$)

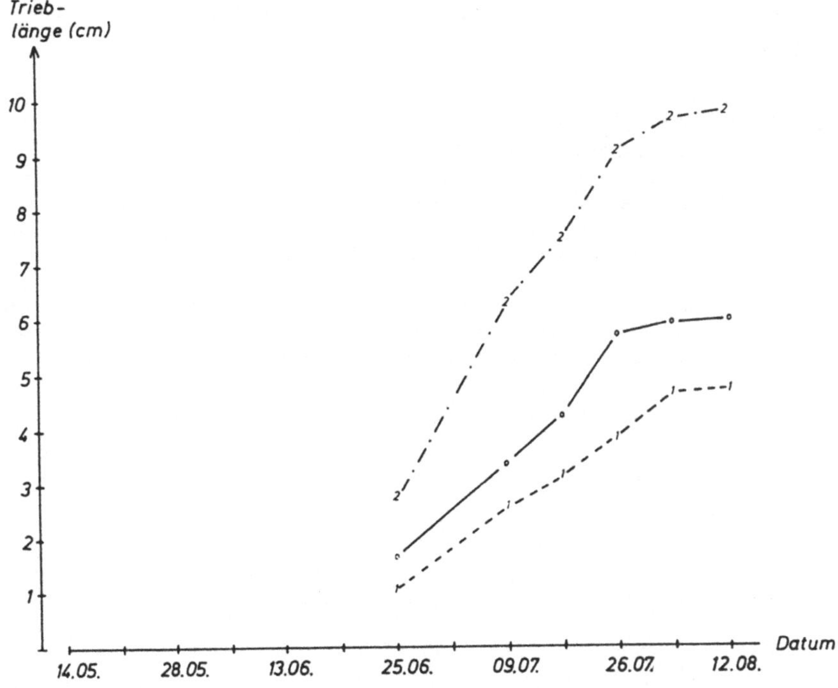

Unabhängig von der Art der Behandlung setzte das Längenwachstum sylleptischer Triebe ca. 7 Wochen nach Austriebsbeginn ein. Zu diesem Zeitpunkt haben die Terminaltriebe bereits 69% bis 73% ihrer endgültigen Länge erreicht (vgl. Abb.38).

Neben dem Längenwachstum der Terminaltriebe und der Bildung und Entwicklung sylleptischer Triebe wurde an den

Versuchspflanzen auch die Längenentwicklung regulär entstandener Lateraltriebe 1.Ordnung untersucht. An jedem Aufnahmetermin wurde die Trieblänge der vier distalsten Lateraltriebe am Terminaltrieb 1985 erfaßt.

Wie Abb.41 zeigt, weist die Summenkurve der durchschnittlichen Lateraltrieblänge in der 20g Düngervariante von Mai bis August durchgehend die höchsten Werte auf. Die Kurven der 40g und 60g Varianten liegen hier über der Kontrolle.

Abb.:41 Trieblängenentwicklung regulärer Lateraltriebe 1.Ordnung am Terminaltrieb 1985 bei 4jährigen getopften Lärchen in Abhängigkeit von der Düngermenge (0 Kontrolle, 1 mit 20g, 2 mit 40g, 3 mit 60g Kalkammonsalpeter gedüngt; Probenzahl/ Individuum N=4; Pflanzenzahl/Behandlung N=10)

Fig.:41 Effect of N-fertilization on growth of regular order 1 branches on 1985 terminal leaders (4-years old container plants; 1: 20g, 2: 40g, 3: 60g fertilizer; NH_4NO_3 + $CaCO_3$)

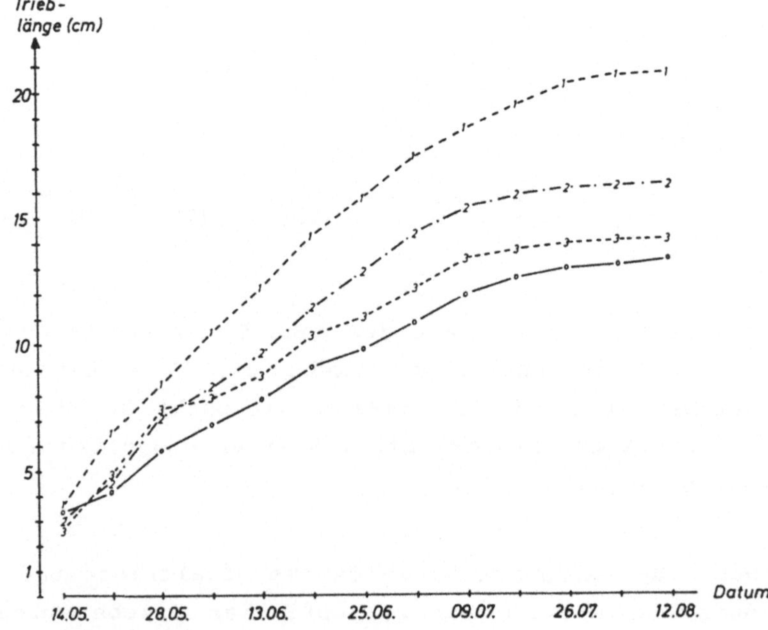

Offensichtlich fördert Stickstoffdüngung generell die Längenentwicklung der Lateraltriebe. Mit Ausnahme der 20g Variante wurden jedoch die Terminaltriebe im Wachstum gehemmt (vgl. Abb.38 und 41). Um zu überprüfen wie sich dieses Ergebnis auf die Hierarchieverhältnisse zwischen Terminal- und Lateraltrieben auswirkt, wurde für jeden Aufnahmezeitpunkt der Quotient aus Terminal- und Lateraltrieblänge (T/L) für die einzelnen Behandlungsvarianten berechnet und in Abb.42 dargestellt.
In den ersten drei Wochen steigt bei den Kontrollpflanzen der T/L Wert stark an. Im Anschluß daran fällt die Kurve bis Mitte Juli leicht ab.
Mit dem Einsetzen des Streckungswachstums wird offensichtlich zunächst die terminale Triebachse in ihrer Längenentwicklung gefördert. An Lateraltrieben setzt das Längenwachstum in der vierten Woche verstärkt ein und führt zum Rückgang des T/L Verhältnisses. Der Wiederanstieg zu Ende der Vegetationsperiode ist dadurch bedingt, daß der Längenzuwachs der lateralen Achsen früher zurückgeht als das Wachstum des Terminaltriebes.
Die entsprechenden Kurven für die drei Düngervarianten liegen zu jedem Aufnahmetermin deutlich unter den Werten der Kontrollpflanzen. Mit zunehmender Düngermenge ist ab dem 25.06. entsprechend der Düngergabe eine gerichtete Abnahme des T/L Wertes zu verzeichnen.

Abb.:42 Mittlerer Quotient aus Terminal- zu Lateraltrieblänge (T/L) in der Vegetationsperiode 1986 bei 4jährigen getopften Lärchen in Abhängigkeit von der Düngermenge (0 Kontrolle, 1 mit 20g, 2 mit 40g, 3 mit 30g Kalkammonsalpeter gedüngt; Pflanzenzahl/Behandlung N = 10)

Fig.:42 Effect of N-fertilization on the relation between terminal- and lateral shoot-length (T/L); (4-years old container plants; 1: 20g, 2: 40g, 3: 60g fertilizer; NH_4NO_3 *+* $CaCO_3$*)*

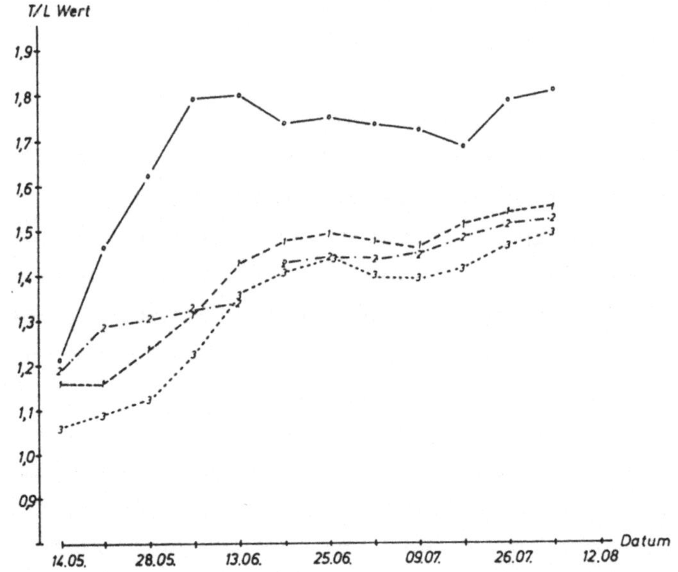

Diese Ergebnisse deuten auf eine Veränderung in der akrotonen Förderung im Sinn eines durch die Stickstoffdüngung verstärkten Lateraltriebwachstums hin.Die einzelnen Phasen der Zu- bzw. Abnahme des T/L Verhältnisses bei allen vier Kurven lassen vermuten, daß unabhängig von der Behandlungsart abwechselnd Terminal- und Lateraltriebe in ihrem Längenwachstum bevorzugt gefördert werden.

3.7.5.1.2. Bestandsdüngung bei Fichte

Die mit größeren Pflanzenzahlen (N/Variante ca. 90) im FoA Kipfenberg angelegten Düngeversuche mit Kalkammonsalpeter sollten Aussagen über den Einfluß der Stickstoffgaben auf die Syllepsishäufigkeit bei Fichte ermöglichen. Je Probebaum und Aufnahmetermin wurden die Zahl der sylleptischen Triebe (>2cm) am einjährigen Terminaltrieb, die Terminaltrieblänge sowie die Länge der beiden distalsten einjährigen Äste aufgenommen.

Durch Stickstoffdüngung nimmt die Zahl der Bäume, die am einjährigen Terminaltrieb sylleptische Triebe bilden gegenüber der Kontrolle zu (Tab.30). Die getrennte Auswertung für 1986 und 1987 läßt zwar eine von der Düngermenge abhängige graduelle Zunahme der Fichten mit sylleptischen Trieben erkennen, eine statistische Absicherung dieses Ergebnisses ist jedoch nicht möglich. Werden alle Versuchsbäume zusammengefaßt, die zumindest in einem der beiden Jahre sylleptische Triebe bildeten, so kann ein signifikanter Unterschied nachgewiesen werden.

Tab.:30 Zahl der Probebäume mit (mS) und ohne (oS) sylleptische Triebe (>2cm) am einjährigen Terminaltrieb in den Düngervarianten 200kg/ha, 300kg/ha, 400kg/ha und der Kontrolle (Fichte, FoA Kipfenberg, Düngung mit Kalkammonsalpeter)

Tab.:30 Number of sample trees with (mS) and without (oS) sylleptic shoots (> 2cm) on 1-year old terminal leaders, depending on fertilizer quantity (Norway spruce; fertilizer: NH_4NO_3 + $CaCO_3$)

	1986		1987		1986+87	
	mS	oS	mS	oS	mS	oS
Kontrolle:	10	80	14	76	14	76
200kg/ha :	16	71	23	64	24	63
300kg/ha :	22	67	24	65	28	61
400kg/ha :	21	67	28	60	29	59
Signifik.:	0,061		0,082		0,036	

Die Werte von 1986+87 zeigen, daß zwischen der Kontrolle und der 200kg/ha Variante die Zahl der Bäume mit sylleptischen Trieben am stärksten zunimmt. Von der 300kg/ha Variante zur 400kg/ha Variante ist nur noch ein geringer Anstieg zu verzeichnen.

Da es nicht primäres Ziel dieses Versuches war, in Abhängigkeit von der Düngermenge einen gerichteten Gradienten in der Syllepsishäufigkeit nachzuweisen, wurden im zweiten Auswertungsschritt die Werte der drei Düngervarianten zusammengefaßt und der Kontrolle gegenübergestellt.

Wie Tab.31 zu entnehmen ist, kann in diesem Fall in den Einzeljahren 1986 und 1987, wie auch für 1986+1987 ein signifikanter, behandlungsabhängiger Unterschied in der Zahl junger Fichten mit sylleptischen Trieben am Terminaltrieb nachgewiesen werden.

Tab.:31 Zahl der Probebäume mit (mS) und ohne (oS) sylleptische Triebe (>2cm) am einjährigen Terminaltrieb im Vergleich zwischen der Kontrolle und den zusammengefaßten Düngervarianten (Gedüngt); (Fichte, FoA Kipfenberg, Düngung mit Kalkammonsalpeter)

Tab.:31 Number of sample trees with (mS) and without (oS) sylleptic shoots (>2cm) on 1-year old terminal leaders. Comparison between control and summarized fertilization variants (Norway spruce)

	1986		1987		1986+87	
	mS	oS	mS	oS	mS	oS
Kontrolle:	10	80	14	76	14	76
Gedüngt :	60	204	75	189	81	183
Signifik.:	0,025		0,022		0,008	

Bei beiden Aufnahmeterminen wurde auch die Zahl der sylleptischen Triebe an den Terminaltrieben erfaßt. Versuchsbäume ohne sylleptische Triebe wurden bei der folgenden Auswertung nicht mehr berücksichtigt.

In den drei Düngervarianten nimmt die durchschnittliche Zahl von sylleptischen Trieben an den Terminaltrieben in den Jahren 1986 und 1987 sowie im Gesamtzeitraum (1986+87) gegenüber der Kontrolle zu (Tab.32). Dabei ist in der stärksten Düngervariante (400kg/ha) im Vergleich zur Variante 300kg/ha ein Rückgang der Zahl sylleptischer Triebe zu beobachten. Die statistische Absicherung dieser Ergebnisse war nicht möglich.

Tab.:32 Durchschnittliche Zahl sylleptischer Triebe (>2cm) an einjährigen Terminaltrieben in den Düngervarianten 200kg/ha, 300kg/ha, 400kg/ha und der Kontrolle (Fichte, FoA Kipfenberg; Düngung mit Kalkammonsalpeter)

Tab.:32 Average number of sylleptic shoots (≥2cm) on 1-year old terminal leaders, depending on fertilizer quantity (Norway spruce)

	1986	1987	1986+87
Kontrolle:	4,7	5,8	9,2
200kg/ha :	5,4	7,2	10,5
300kg/ha :	7,5	8,3	12,8
400kg/ha :	6,5	6,8	10,8

Werden die drei Düngervarianten wiederum zusammengefaßt, so ist im Jahr 1986 wie auch im gesamten Beobachtungszeitraum (1986+87) die durchschnittliche Zahl sylleptischer Triebe je Terminaltrieb bei den gedüngten Fichten gegenüber der Kontrolle signifikant höher (Tab.33).

Tab.:33 Durchschnittliche Zahl sylleptischer Triebe (>2cm) an einjährigen Terminaltrieben im Vergleich zwischen der Kontrolle und den zusammengefaßten Düngervarianten (Fichte, FoA Kipfenberg, Düngung mit Kalkammonsalpeter)

Tab.:33 Average number of sylleptic shoots (≥2cm) on 1-year old terminal leaders. Comparison between control and summarized fertilization variants (Norway spruce)

	1986	1987	1986+87
Kontrolle:	4,7	5,8	9,2
Gedüngt :	6,4	7,2	11,4
Signifik.:	0,002	0,248	0,042

Neben der Zahl der sylleptischen Triebe wurde an jeder Versuchspflanze auch die Länge des Terminaltriebes sowie der beiden distalsten einjährigen Äste erfaßt.

Die Unterschiede in der durchschnittlichen Terminaltrieblänge zwischen den Behandlungsvarianten ließen sich auf dem $p < 0{,}05$ Signifikanzniveau für keinen Aufnahmetermin statistisch absichern (Tab.34). Auch die Zusammenfassung aller Düngervarianten ergab gegenüber der Kontrolle keinen statistischen Nachweis einer Trieblängenzunahme durch Stickstoffdüngung.

Tab.:34 Durchschnittliche Länge einjähriger Terminaltriebe (in cm) in den Düngervarianten 200kg/ha, 300kg/ha, 400kg/ha und der Kontrolle (Fichte, FoA Kipfenberg, Düngung mit Kalkammonsalpeter, Aufnahmetermine 1986/87)

Tab.:34 Average length of 1-year old terminal leaders depending on fertilizer quantity (Norway spruce)

	1986	1987	1986/87
Kontrolle:	70,0	74,6	72,3
200kg/ha :	76,7	86,9	81,8
300kg/ha :	69,5	77,9	73,7
400kg/ha :	71,0	79,1	75,1

Im letzten Auswertungsschritt wurde wiederum der T/L Wert errechnet (vgl.Abschn. 3.7.5.1.1.). Für jede Versuchspflanze wurde dabei 1986 und 1987 der Quotient aus der Terminaltrieblänge und der mittleren Lateraltrieblänge der beiden je Baum vermessenen Äste gebildet.

Wie Tab.35 zeigt, liegt der T/L Wert in allen drei Düngervarianten unter den entsprechenden Werten der Kontrolle. Auf dem $p < 0{,}05$ Signifikanzniveau konnte für 1986 sowie 1986+87 der Unterschied zwischen der Kontrolle und den 200kg/ha und 400kg/ha Varianten abgesichert werden. Für 1987 war die statistische Absicherung nur zwischen der Kontrolle und der 400kg/ha Variante möglich.

Tab.:35 Durchschnittliche T/L Werte (Terminaltrieblänge : Lateraltrieblänge) in den Düngervarianten 200kg/ha, 300kg/ha, 400kg/ha und der Kontrolle (Fichte, FoA Kipfenberg, Düngung mit Kalammonsalpeter, Aufnahmetermine 1986/87; * auf dem p < 0,05 Signifikanzniveau gesichert)

Tab.:35 Mean T/L values (length of terminal leader / length of lateral branches) depending on fertilizer quantity (Norway spruce)

	1986	1987	1986/87
Kontrolle:	1,99	1,92	1,96
200kg/ha :	1,76*	1,75	1,76*
300kg/ha :	1,80	1,79	1,80
400kg/ha :	1,71*	1,68*	1,70*

In Tab.36 wurden wiederum alle T/L Werte gedüngter Fichten den T/L Werten der Kontrollpflanzen gegenübergestellt. Sowohl 1986 und 1987, als auch 1986+87 sind im Gegensatz zu den gedüngten Fichten die T/L Werte bei den Kontrollpflanzen signifikant höher.

Tab.:36 Durchschnittliche T/L Werte (Terminaltrieblänge : Lateraltrieblänge) im Vergleich zwischen der Kontrolle und den zusammengefaßten Düngervarianten (Fichte, FoA Kipfenberg, Düngung mit Kalkammonsalpeter, Aufnahmetermine 1986/87)

Tab.:36 Mean T/L values (length of terminal leader/length of lateral branches). Comparison between control and summarized fertilization variants (Norway spruce)

	1986	1987	1986/87
Kontrolle:	1,99	1,92	1,96
Gedüngt :	1,76	1,74	1,75
Signifik.:	0,001	0,005	0,000

Da einerseits ein Zusammenhang zwischen der Terminaltrieblänge und der Behandlungsart nicht nachzuweisen war, andererseits aber die T/L Werte bei gedüngten Fichten gesichert abnehmen, muß angenommen werden, daß Stickstoffdüngung insbesondere zu einem verstärkten Längenwachstum der regulär gebildeten Seitenäste führt.

3.7.5.1.3. Bestandsdüngung bei Lärche

Nach der unter 2.4.1.2. beschriebenen Methode wurden im FoA Kipfenberg Düngerversuche an Einzelbäumen bei Lärche in drei Düngervarianten durchgeführt (Pflanzenzahl/Behandlung N=15; Zahl der Kontrollpflanzen N=15). Im Unterschied zu den morphologischen Aufnahmen bei Fichte wurden an den Terminaltrieben der Pflanzen dieses Versuches alle sylleptischen Triebe, also auch schwache sylleptische Triebbildungen erfaßt.

Die statistische Auswertung aller vier Behandlungsvarianten (Kontrolle, 200kg/ha, 300kg/ha, 400kg/ha) konnte keine gesicherten Unterschiede nachweisen. Aus diesem Grund wurden in den folgenden Auswertungsschritten die Pflanzen der Düngervarianten zusammengefaßt und den Kontrollpflanzen gegenübergestellt.

Unter natürlichen Standortsbedingungen bilden junge Lärchen im Vergleich zu gleichaltrigen Fichten weit mehr sylleptische Triebe aus (Abschn. 3.7.2.1.).
Am Terminaltrieb 1986 hatten 80,0% der gedüngten und 73,4% der Kontrollpflanzen, am Terminaltrieb 1987 77,8% bzw. 80,0% sylleptische Triebe gebildet. Unter Bestandsverhältnissen scheinen demnach die applizierten Stickstoffmengen keinen Einfluß auf die Zahl der Bäume auszuüben, die sylleptische Triebe am Terminaltrieb bilden.

Bezogen auf die durchschnittliche Zahl sylleptischer Triebe am Terminaltrieb weisen gedüngte Lärchen 1986 und 1987, sowie im gesamten Beobachtungszeitraum (1986+87) gegenüber den Kontrollpflanzen jedoch signifikant höhere Werte auf (Tab.37).

Tab.:37 Durchschnittliche Zahl sylleptischer Triebe am einjährigen Terminaltrieb im Vergleich zwischen der Kontrolle und den zusammengefaßten Düngervarianten (Lärche, FoA Kipfenberg, Düngung mit Kalkammonsalpeter, Aufnahmetermine 1986/87)

Tab.:37 Average number of sylleptic shoots on 1-year old terminal leaders. Comparison between control and summarized fertilization variants (European larch)

	1986	1987	1986/87
Kontrolle:	14,3	12,4	13,4
Gedüngt :	21,8	19,4	20,6
Signifik.:	0,022	0,038	0,027

Wie bei Fichte wurde in den Jahren 1986 und 1987 an allen Versuchspflanzen die Länge des Terminaltriebes sowie der beiden distalsten Lateraltriebe aufgenommen.
Die zwischen Kontrollpflanzen und gedüngten Pflanzen festgestellten Unterschiede in den Terminaltrieblängen konnten nicht abgesichert werden (Tab.38).

Tab.:38 Durchschnittliche Terminaltrieblängen im Vergleich zwischen der Kontrolle und den zusammengefaßten Düngervarianten (Lärche, FoA Kipfenberg, Düngung mit Kalkammonsalpeter, Aufnahmetermine 1986/87)

Tab.:38 Average length of terminal leaders. Comparison between control and summarized fertilization variants (European larch)

	1986	1987	1986/87
Kontrolle:	55,9	52,1	54,0
Gedüngt :	58,1	53,8	55,9
Signifik.:	0,379	0,642	0,392

Um den Einfluß der Stickstoffdüngung auf das Längenverhältnis zwischen Terminal- und Lateraltrieben zu

quantifizieren, wurde für alle Versuchspflanzen der T/L Wert errechnet.
Nur für das Jahr 1986 konnte für gedüngte Pflanzen gegenüber den Kontrollpflanzen ein signifikant geringerer T/L Wert nachgewiesen werden (Tab.39).

Tab.:39 Durchschnittliche T/L Werte (Terminal- : Lateraltrieblänge im Vergleich zwischen der Kontrolle und den zusammengefaßten Düngervarianten (Lärche, FoA Kipfenberg, Düngung mit Kalkammonsalpeter, Aufnahmetermine 1986/87)

Tab.:39 Mean T/L values (length of terminal leader / length of lateral branches). Comparison between control and summarized fertilization variants (European larch)

	1986	1987	1986/87
Kontrolle:	1,39	1,27	1,33
Gedüngt :	1,18	1,25	1,22
Signifik.:	0,041	0,432	0,201

Wie bei Fichte, so führt auch bei Lärche die Düngung mit Kalkammonsalpeter zu deutlichen Veränderungen im Wuchs- und Verzweigungsverhalten.

Der in Topf- und Bestandsversuchen applizierte Stickstoff führte bei beiden Baumarten zu einer Erhöhung der Zahl der am Terminaltrieb gebildeten sylleptischen Triebe. Weiterhin war in den gedüngten Versuchsvarianten eine Verschiebung des Längenverhältnisses zwischen Terminal- und Lateraltrieben, zugunsten längerer Seitentriebe zu beobachten.

3.7.5.2. Stickstoffdüngung und Ernährungszustand

Wie beschrieben, führte die Düngung mit Kalkammonsalpeter bei jungen Fichten und Lärchen zu einer deutlichen Zunahme sylleptischer Triebe.
Um den Einfluß der Stickstoffgaben auf die Nährelementspiegelwerte zu ermitteln, wurden im Herbst des Düngejahres bei gedüngten und ungedüngten Probebäumen Nährelementanalysen durchgeführt (vgl. Abschn. 2.4.3.).
Bei der statistischen Auswertung wurden je Baumart und Standort die Analysenwerte der gedüngten Pflanzen zusammengefaßt und den Werten der Kontrollpflanzen gegenübergestellt. Wie Tab.40 zeigt, führte die Düngung mit Kalkammonsalpeter bei Fichten und Lärchen an beiden Standorten zu einer deutlichen Erhöhung der N-Gehalte in den halbjährigen Nadeln. Parallel dazu nahmen die Cu-Gehalte in allen Fällen signifikant zu. Weiterhin liegen die Ca-Gehalte bei den gedüngten Probebäumen beider Baumarten an beiden Standorten tiefer, die K-Gehalte höher als bei den Kontrollpflanzen. Dieses Ergebnis ist nur für Fichte/Thiergarten statistisch gesichert. Das häufig zu beobachtende antagonistische Aufnahmeverhalten für Ca- und K-Ionen wurde von KREUTZER (1967) nach Stickstoffdüngung auch bei Kiefer beschrieben.
Die Mg-Gehalte sind bei gedüngten Pflanzen stets geringer als bei ungedüngten. Für den Fall, daß diese nur für Lärche/Kipfenberg gesicherte Tendenz zu verallgemeinern ist, könnte es durch die verstärkte Wuchsleistung (vgl. Abschn. 3.7.5.1.) und die damit verbundene Zunahme der Nadelmasse nach N-Düngung zu einem Verdünnungseffekt bei diesem Element gekommen sein. Dabei ist bei Lärche im Vergleich zu Fichte eine deutlich stärkere Abnahme der Mg-Gehalte bei gedüngten Pflanzen zu verzeichnen.
KREUTZER (1967) fand nach N-Düngung steigende P-Gehalte bei Kiefer und interpretierte sie als Fähigkeit der Bäume bei gesteigertem N-Angebot auch mehr Phosphor aus dem Boden aufzunehmen. Ähnliche Verhältnisse für P ergaben sich

bei diesen Untersuchungen nur bei Fichte. Im Gegensatz dazu nehmen die P-Gehalte bei Lärche in Kipfenberg und Thiergarten nach N-Düngung ab. Es handelt sich hierbei vermutlich wiederum um Verdünnungseffekte (ALCUBILLA et al. 1976). Die signifikant geringeren S-Gehalte bei gedüngten Lärchen weisen vermutlich ebenfalls auf eine vorliegende Verdünnung hin (KREUTZER mündl. Mitteilung).

Tab.:40 Mittelwerte der Makro- (mg/g) und Mikronährelemente (µg/g) bei ungedüngten und gedüngten Fichten und Lärchen.
(Dünger: Kalkammonsalpeter; FoA Kipfenberg und Thiergarten; Probenzahl/Baumart und FoA: Kontrolle N=15, gedüngt N=45); T-Test:Elementgehalte und Kontrolle bzw. gedüngt (Prob.: Irrtumswahrscheinlichkeit; S.G.: Signifikanzgrad)

Tab.:40 Means of macro- (mg/g) and micro-nurtient (µg/g) elements in needles of untreated and fertilized Norway spruce (Fichte) and European larch (Lärche) in Kipfenberg and Thiergarten

Kipfenberg:

	Nährelementgehalt		T - Test	
	Kontrolle	Gedüngt	Prob.	S.G.
Fichte:				
N	15,6	17,7	0,001	***
P	2,53	2,57	0,812	-
K	8,00	8,35	0,542	-
Ca	5,55	5,19	0,436	-
Mg	0,83	0,80	0,604	-
S	1,27	1,29	0,439	-
Al	68	96	0,046	*
Mn	713	690	0,833	-
Cu	3,1	3,6	0,006	**
Lärche:				
N	17,8	21,3	0,002	**
P	2,76	1,82	0,007	**
K	5,62	5,84	0,910	-
Ca	6,15	5,12	0,051	-
Mg	3,69	3,46	0,018	*
S	2,28	1,53	0,000	***
Al	68	76	0,694	-
Mn	479	314	0,015	*
Cu	4,1	5,2	0,002	**

Thiergarten:

	Nährelementgehalt Kontrolle	Gedüngt	T - Test Prob.	S.G.
Fichte:				
N	15,8	20,3	0,000	***
P	2,75	3,97	0,012	*
K	8,22	11,01	0,008	*
Ca	6,84	4,14	0,011	**
Mg	0,70	0,63	0,504	-
S	1,59	1,64	0,303	-
Al	108	138	0,141	-
Mn	4483	2543	0,006	**
Cu	3,5	4,3	0,047	*
Lärche:				
N	18,5	25,3	0,000	***
P	2,95	2,82	0,794	-
K	9,20	9,62	0,827	-
Ca	5,96	5,03	0,204	-
Mg	1,39	1,10	0,161	-
S	2,89	2,07	0,000	***
Al	216	270	0,299	-
Mn	2882	3324	0,505	-
Cu	4,3	5,5	0,010	**

Bei der weiteren Betrachtung wurden die Analysenwerte der Einzelbäume - unabhängig von der Art der Behandlung - bei Fichten und Lärchen zu zwei Gruppen zusammengefaßt:

-(1) Probebäume ohne deutlich gestreckte sylleptische Triebe (< 2cm)

-(2) Probebäume mit deutlich gestreckten sylleptischen Trieben (> 2cm) am einjährigen Terminaltrieb

Die Auswertung erfolgte getrennt nach Standorten. Lärchen aus dem FoA Thiergarten konnten hierbei nicht berücksichtigt werden, da keine ausreichende Zahl von Bäumen ohne sylleptische Triebbildung zur Verfügung stand.

Auf beiden Standorten weisen Fichten und Lärchen mit deutlicher sylleptischer Triebstreckung signifikant höhere N-Gehalte auf als Bäume, bei denen allenfalls schwache Syllepsis auftrat (Tab.41). Höhere Cu-Gehalte bei Bäumen mit Syllepsis konnten nur für Fichte/ Kipfenberg abgesichert werden. Für Lärche/Kipfenberg und Fichte/Thiergarten waren jedoch gleichsinnige, wenn auch nicht signifikante Unterschiede der Cu-Gehalte festzustellen. Die geringeren Mg- und P-Gehalte bei Lärchen mit sylleptischen Trieben aus Kipfenberg deuten auf einen Verdünnungseffekt durch die zusätzliche Produktion von Nadelmasse hin. Bei Fichten auf beiden Standorten war in Bezug auf die Mg- und P-Gehalte bei Bäumen mit und ohne Syllepsis kein einheitlicher Trend zu erkennen.

Tab.:41 Mittelwerte der Makro- (mg/g) und Mikronährelemente (µg/g) bei Fichten und Lärchen mit und ohne Syllepsis.
(FoA Kipfenberg und Thiergarten); T-Test: Elementgehalte und Bäume mit bzw. ohne Syllepsis (Prob.: Irrtumswahrscheinlichkeit; S.G.: Signifikanzgrad)

Tab.:41 Means of macro- (mg/g) and micro-nutrient (µg/g) elements in needles of trees with and without syllepsis (Norway spruce (Fichte); European larch (Lärche)) in Kipfenberg and Thiergarten

Kipfenberg:

	Nährelementgehalt		T - Test	
	ohne Syllepsis	mit Syllepsis	Prob.	S.G.
Fichte:				
N	16,6	17,7	0,043	*
P	2,62	2,50	0,451	-
K	8,54	7,97	0,260	-
Ca	4,98	5,62	0,100	-
Mg	0,79	0,83	0,310	-
S	1,27	1,33	0,159	-
Al	94	83	0,452	-
Mn	569	825	0,007	**
Cu	3,3	3,7	0,009	**
Lärche:				
N	19,2	21,3	0,039	*
P	2,16	1,91	0,255	-
K	4,47	6,37	0,001	***
Ca	5,53	5,13	0,748	-
Mg	3,89	3,66	0,516	-
S	1,75	1,66	0,472	-
Al	74	73	0,992	-
Mn	229	117	0,528	-
Cu	4,7	5,1	0,213	-

Thiergarten:

	Nährelementgehalt		T - Test	
	ohne Syllepsis	mit Syllepsis	Prob.	S.G.
Fichte:				
N	19,5	23,7	0,022	*
P	3,57	3,94	0,457	-
K	10,36	10,43	0,978	-
Ca	4,95	4,38	0,602	-
Mg	0,65	0,62	0,936	-
S	1,70	1,72	0,878	-
Al	124	142	0,384	-
Mn	3014	2984	0,969	-
Cu	3,9	4,3	0,278	-

Abschließend ist festzustellen, daß trotz bereits guter N-Versorgung auf beiden Standorten die N-Gehalte durch die Applikation von Kalkammonsalpeter bei beiden Baumarten signifikant zunahmen. Dabei war bei **Lärche** ein stärkerer Anstieg der N-Gehalte (Zunahme Kipfenberg 19,7%, Thiergarten 36,8%) als bei **Fichte** (Zunahme Kipfenberg 13,6%, Thiergarten 28,5%) zu beobachten.
Wie in Abschn. 3.7.5.1. beschrieben, bilden junge **Lärchen** nach N-Düngung weit mehr und häufiger sylleptische Triebe aus als gleichaltrige **Fichten**. Unter dem Gesichtspunkt dieser gesteigerten Triebbildung kann die Abnahme der Ca-Mg-, P- und S-Gehalte als Verdünnungseffekt gewertet werden.
Die Cu-Gehalte lagen bei beiden Baumarten bei gedüngten Bäumen höher, als bei ungedüngten.

Diese Ergebnisse werden insbesondere bei **Lärche** durch den behandlungsunabhängigen Vergleich von Bäumen mit und ohne Syllepsis unterstrichen.

3.7.6. Beziehungen zwischen Wachstumsparametern und der Bildung sylleptischer und regulärer Triebe

GRUBER (1987) wies signifikante Zusammenhänge zwischen zunehmender Wuchsleistung und verstärkter sylleptischer und regulärer Triebbildung bei jungen Fichten nach. Auf Grund dieser bereits vorliegenden Ergebnisse wurden die Untersuchungen auf junge Lärchen begrenzt.

3.7.6.1. Die Anzahl sylleptischer Triebe in Relation zu Radialzuwachs, Terminaltrieblänge und Nadelgewicht

An den in Kipfenberg und Thiergarten entnommenen Probelärchen (Abschn. 3.2.) wurde der Einfluß der Terminaltrieblänge und des Radialzuwachses, bei den Probebäumen aus Kipfenberg zusätzlich der Einfluß des Nadelgewichtes auf die Zahl sylleptischer Triebe untersucht.
Dabei wurden jahresweise von 1982-86 die Jahrringbreite (in mm) bzw. die Terminaltrieblänge (in cm) der Zahl der am Terminaltrieb gleichen Alters gebildeten sylleptischen Triebe (> 0,5cm) gegenübergestellt.

In beiden Forstämtern ist ein gesicherter linearer Zusammenhang zwischen zunehmender **Jahrringbreite** und ansteigender Zahl sylleptischer Triebe am Terminaltrieb nachweisbar (Abb.43a, 43b). Im Mittel liegen die Werte für beide Parameter in Kipfenberg deutlich tiefer als in Thiergarten. Während an den Probebäumen aus dem FoA Kipfenberg durchschnittlich 3,3 sylleptische Triebe pro Terminaltrieb gebildet wurden, wiesen die Lärchen aus dem FoA Thiergarten durchschnittlich 16,3 sylleptische Triebe auf. Im gleichen Zeitraum lag der mittlere Radialzuwachs in Kipfenberg bei 2,88mm, in Thiergarten bei 5,11mm.

Abb.:43 Beziehung zwischen Jahrringbreite (mm) und Anzahl sylleptischer Triebe am Terminaltrieb von 1982-86 bei Lärche (a Kipfenberg, b Thiergarten)

Fig.:43 Correlation between annual ring width and number of sylleptic shoots on terminal leaders 1982-86 (European larch; a Kipfenberg, b Thiergarten)

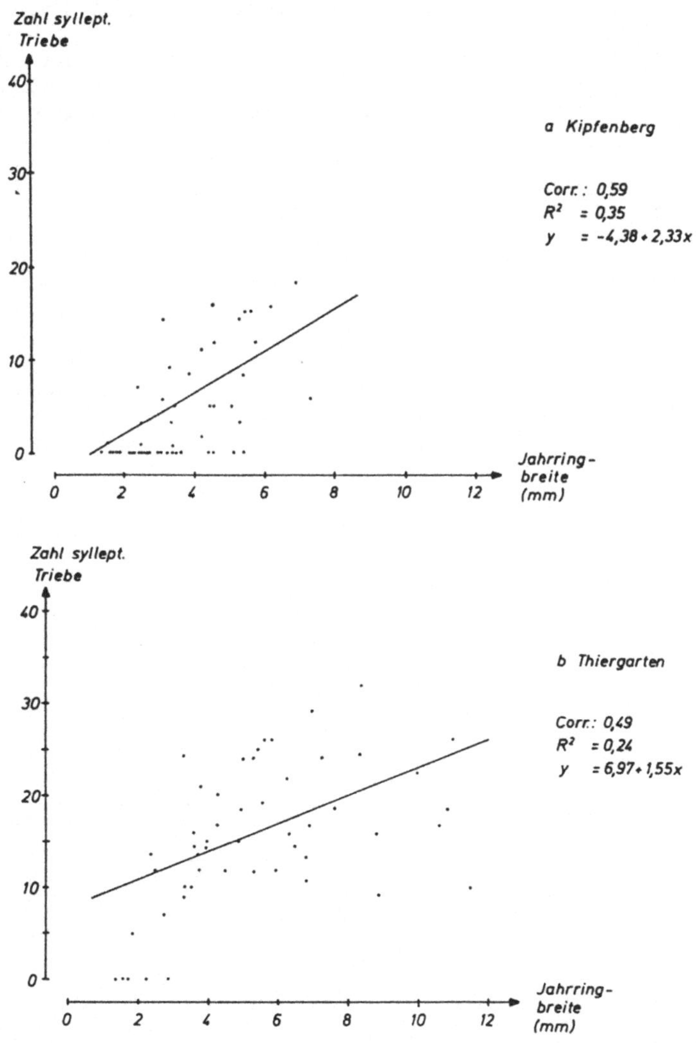

Darüberhinaus besteht am gleichen Probenmaterial eine gesicherte lineare Abhängigkeit zwischen der **Terminaltrieblänge** und der Zahl der daran gebildeten sylleptischen Triebe (Abb.44a, 44b). Mit zunehmender Trieblänge steigt in beiden Forstämtern die Zahl sylleptischer Triebe etwa gleichmäßig an. Der Mittelwert der Terminaltrieblänge von 1982-86 lag bei den Probebäumen aus Kipfenberg bei 49,4cm, aus Thiergarten bei 98,3cm.

Abb.:44 Beziehung zwischen Terminaltrieblänge (in cm) und Anzahl sylleptischer Triebe von 1982-86 bei Lärche (a FoA Kipfenberg, b FoA Thiergarten)

Fig.:44 Correlation between length of terminal leaders 1982-86 and number of sylleptic shoots (European larch; a Kipfenberg, b Thiergarten)

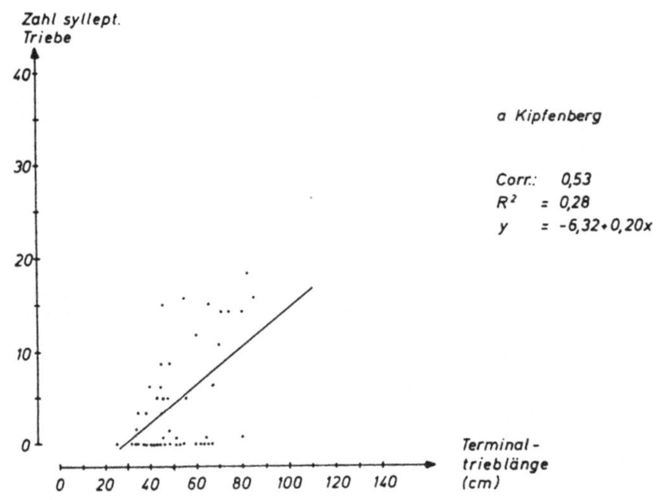

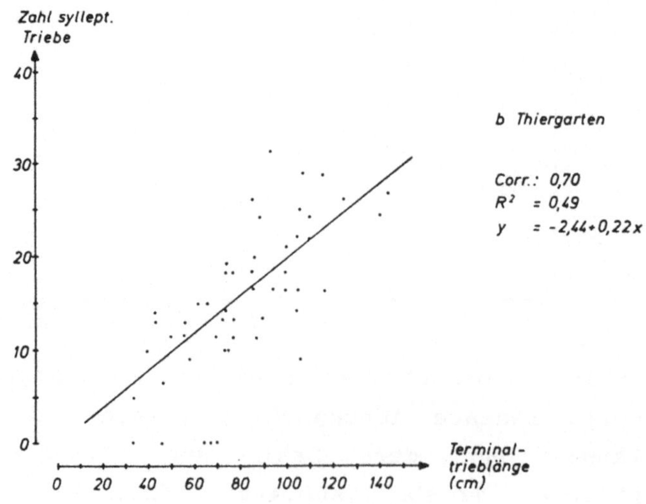

Betrachtet man diese Zusammenhänge näher, so fällt auf, daß in Kipfenberg zwei Individuen, in Thiergarten eines trotz hoher Zuwachswerte keine sylleptische Triebe ausbildeten. Offenbar wird die sylleptische Triebbildung neben der aktuellen Wuchsleistung primär von der genetischen Disposition bestimmt.

Zwischen der zunehmenden Zahl der am einjährigen Terminaltrieb gebildeten sylleptischen Triebe und dem durchschn. **100-Langtriebnadelgewicht** bzw. dem **10-Kurztriebnadelgewicht** konnten demgegenüber keine gesicherten Zusammenhänge festgestellt werden. Wohl aber war ein positiv linearer Zusammenhang zwischen dem Gewicht von Kurztrieb- und Langtriebnadeln und dem Radialzuwachs nachzuweisen (Abb.45). Berücksichtigt man die beschriebene Abhängigkeit zwischen dem Radialzuwachs und der Zahl sylleptischer Triebe, so scheint das Nadelgewicht, als weiterer Vitalitätsparameter eine wenn auch geringe Bedeutung für die Entstehung sylleptischer Triebe zu haben.

Abb.:45 Beziehung zwischen Nadelgewicht und Radialzuwachs 1986 bei Lärche (FoA Kipfenberg; Baumzahl N=10)

Fig.:45 Correlation between needle weight and 1986 ring width in European larch (N: long-shoot needles, K: short-shoot needles)

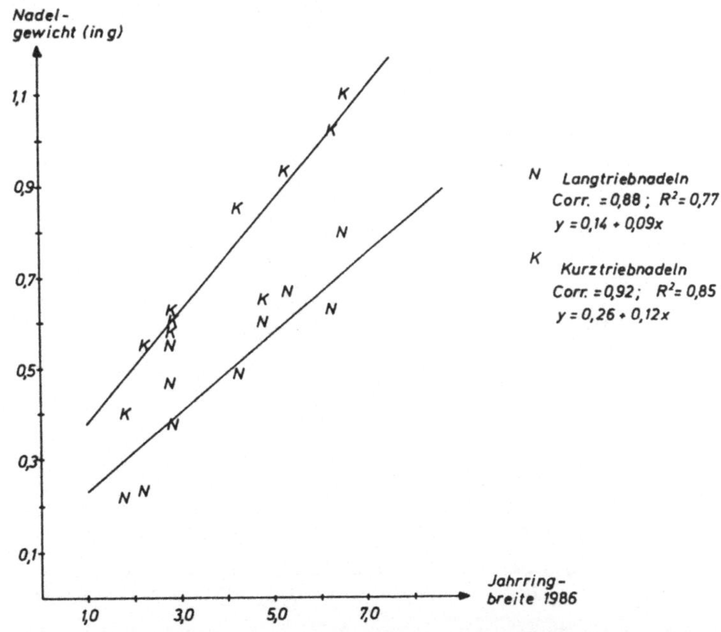

3.7.6.2. Beziehung zwischen der Anzahl regulärer Jahrestriebe und dem Radialzuwachs

Am gleichen Probenmaterial wurde für jeden Baum nach Formel (4) die Gesamtzahl aller an den bis zu 5 Jahre alten Ästen gebildeten regulären Jahrestriebe errechnet. Der so ermittelten Triebzahl wurde die mittlere Jahrringbreite von 1982-86 gegenübergestellt.

Wie Abb.46 zeigt, besteht in beiden Forstämtern bei Lärche ein linearer Zusammenhang zwischen der Zahl regulär gebildeter Jahrestriebe und der durchschn. Jahrringbreite von 1982-86. In beiden Fällen steigt mit zunehmender Jahrringbreite die Zahl regulärer Jahrestriebe an. Im Mittel waren im FoA Kipfenberg 648, im FoA Thiergarten 1083 reguläre Jahrestriebe gebildet worden.

Abb.:46 Beziehung zwischen durchschnittlichem Radialzuwachs von 1982-86 (in mm) und Anzahl regulär gebildeter Jahrestriebe in den FoA Kipfenberg und Thiergarten (Probenzahl/FoA N=10)

Fig.:46 Correlation between annual ring width 1982-86 and number of regular shoots in European larch

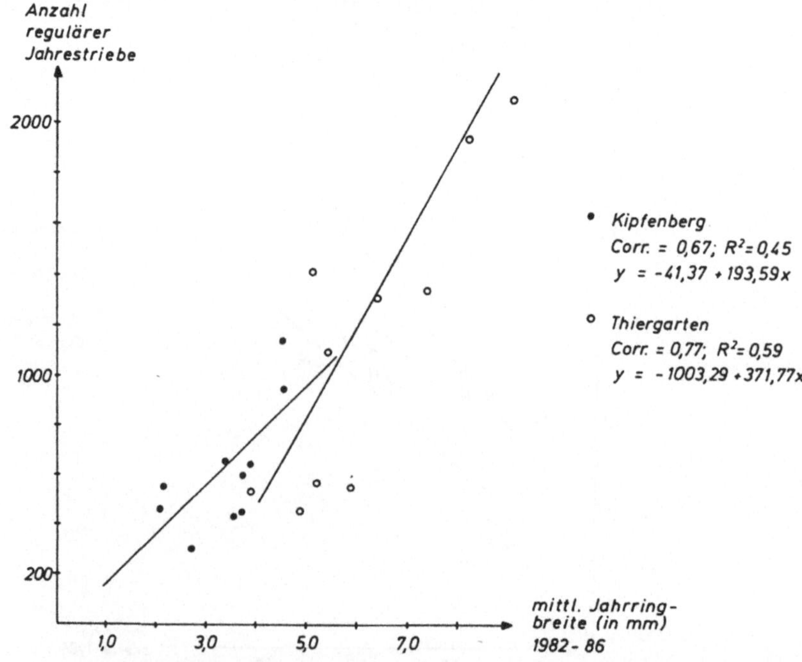

Insbesondere die Beziehungen zwischen dem Radialzuwachs sowie der Terminaltrieblänge und der Zahl sylleptischer bzw. regulärer Triebe weisen auf Zusammenhänge zwischen Wuchsleistung und sylleptischer wie regulärer Triebbildung bei jungen Lärchen hin.

3.7.7. Einfluß der Witterung

Die Bedeutung der Witterung für die Bildung sylleptischer Triebe an Terminaltrieben wurde nur bei Lärchen untersucht.

Wie in Tab. 1 aufgeführt, bestehen in den langjährigen Mittelwerten der jährlichen Niederschlagssumme und der Jahrestemperatur zwischen den Versuchsorten Kipfenberg und Thiergarten keine wesentlichen Unterschiede. Um dennoch etwaige klimatische Verschiedenheiten zwischen den Standorten zu erkennen, wurde für die Jahre 1982-87 der mittlere Trockenheitsindex für die Vegetationsperiode (MTI) nach KNOCH (1952) errechnet. Lufttemperatur und Niederschlag während der Monate Mai-Juli werden dabei zur Kennzeichnung der wachstumswirksamen Witterungswerte herangezogen.
Dabei gilt nach KNOCH (1952):

Mittlerer Trockenheitsindex für die Vegetationsperiode : $\frac{4\,n}{t + 10} \cdot \frac{k}{30}$

4 Faktor für die Vegetationsperiode Mai-Juli
n mittlere Niederschlagssumme der Vegetationsperiode Mai-Juli in mm
t mittlere Lufttemperatur der Vegetationsperiode Mai-Juli in °C
10 Konstante
k mittlere Zahl der Niederschlagstage von mind. 1,0mm in der Vegetationsperiode Mai-Juli
30 mittlere Zahl der Niederschlagstage von mind. 1,0mm in der Vegetationsperiode Mai-Juli für das ehemalige Reichsgebiet

Mit zunehmendem Zahlenwert dieses Indexes sind bei sonst gleichen Standortsverhältnissen die witterungsabhängigen Wachstumsverhältnisse günstiger zu beurteilen.
Die meteorologischen Verhältnisse sind an beiden Standorten nach KNOCH (1952) ähnlich. Auf Grund langjähriger Witterungsbeoabachtung errechnete er für den Raum Kipfenberg einen MTI von 40-45, für den Raum Thiergarten von 35-40.

Den in Abb.47 dargestellten MTI Werten für Kipfenberg und Thiergarten liegen die Witterungsdaten der nächstgelegenen Meβstationen Eichstätt und Regensburg zugrunde.

Geringe Niederschläge, hohe Lufttemperaturen sowie eine geringe Zahl von Niederschlagstagen (>1,0mm) führten in der Vegetationsperiode (Mai-Juli) 1983 in Kipfenberg und Thiergarten zum niedrigsten MTI Wert. In den Folgejahren nimmt der MTI zu und erreicht 1987 an beiden Standorten den höchsten Wert. Insgesamt betrachtet liegt die Kurve des Standortes Thiergarten in allen Einzeljahren unter den entsprechenden Werten des Standortes Kipfenberg (Abb.47).

Abb.:47 Mittlerer Trockenheitsindex (MTI) für die Vegetationsperioden 1982-87 für die Standorte Kipfenberg (·—·) und Thiergarten (·--·); berechnet nach KNOCH (1952)

Fig.:47 Mean drought index (MTI) for the vegetation periods 1982-86 (forest districts Kipfenberg (K) and Thiergarten (T))

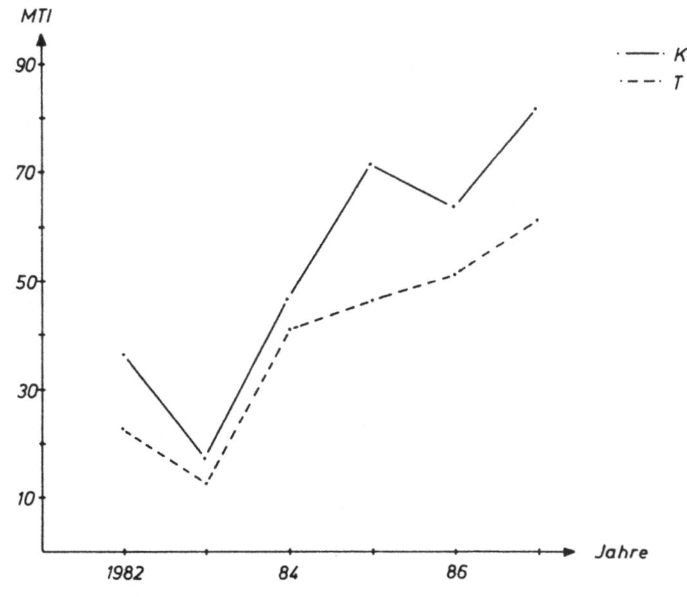

Während der Mittelwert des MTI für den Zeitraum 1982-87 in Thiergarten mit 38,8 innerhalb der von KNOCH (1952) angegebenen Grenzen (35-40) liegt, weist der entsprechende MTI in Kipfenberg mit 53,8 gegenüber dem langjährigen Mittel einen deutlich höheren Wert auf (40-45).

Wird diesem Witterungsparameter die durchschnittliche Zahl der am einjährigen Terminaltrieb gebildeten sylleptischen Triebe gegenübergestellt (Abb.48), so zeigt sich, daß die ungünstigen MTI Werte des Jahres 1983 keinen hemmenden Einfluß auf die sylleptische Triebbildung hatten. Weiterhin weisen junge Lärchen im FoA Thiergarten in allen Einzeljahren, trotz ungünstigerer Witterungsverhältnisse deutlich mehr sylleptische Triebe auf als im FoA Kipfenberg.

Abb.:48 Durchschnittliche Zahl sylleptischer Triebe am einjährigen Terminaltrieb in den Jahren 1982-87 bei Lärche (FoA Kipfenberg (·—·), Thiergarten (·——·); Probenzahl/FoA und Jahr N=50)

Fig.:48 Average number of sylleptic shoots on terminal leaders of European larch, 1982-86 (forest districts Kipfenberg (K) and Thiergarten (T))

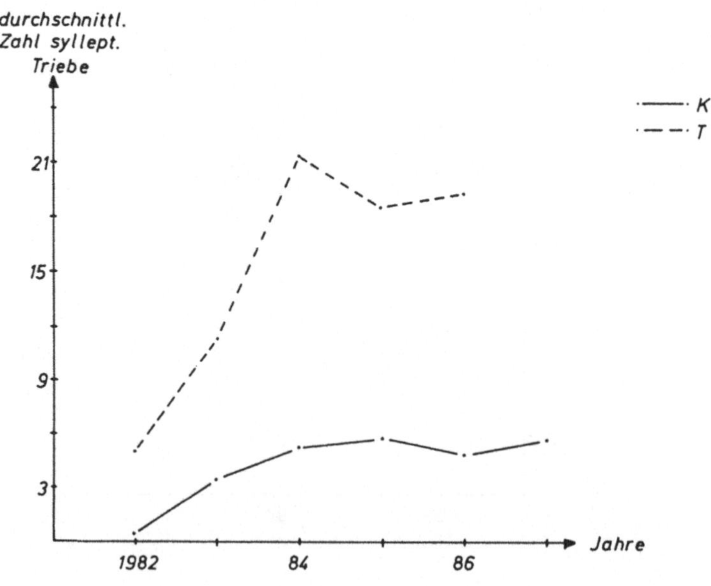

Auf Grund des starken Lärchenblasenfußbefalls konnte 1987 an den Probebäumen im FoA Thiergarten keine entsprechenden Daten erhoben werden.

Die im Untersuchungszeitraum herrschenden unterschiedlichen Niederschlags- und Temperaturverhältnisse scheinen somit keinen bestimmenden Einfluß auf die Bildung sylleptischer Triebe gehabt zu haben.

3.7.8. Einfluß des Baumalters

SPÄTH (1912) beschreibt, daß sylleptische Triebe an jungen Pflanzen regelmäßig und häufig auftreten, an alten jedoch mitunter fehlen. Auch in neuerer Literatur finden sich Hinweise auf die Altersabhängigkeit sylleptischer Triebbildung (GRUBER 1987a,b).

In den bisherigen Untersuchungen waren 5-10jährige Probebäume verwendet worden. Um jedoch für weitere Aufnahmen entsprechende Zusammenhänge genauer quantifizieren zu können, wurden im Herbst 1986 im FoA Kipfenberg die diesjährigen Terminaltriebe von Fichten und Lärchen verschiedener Alterstufen auf sylleptische Triebe untersucht. Bei beiden Baumarten wurden nur mindestens 5cm lange sylleptische Triebe berücksichtigt, da bei der Ansprache von Terminaltrieben älterer stehender Bäume Anfangsstadien sylleptischer Triebstreckung nicht mehr erkennbar gewesen wären.
In den einzelnen Alterstufen wurden bei Fichte 100, bei Lärche 50 Bäume aufgenommen. Für die Alterstufen 5 Jahre und 15 Jahre standen bei Lärche keine ausreichende Zahl von Versuchsbäumen zur Verfügung.
Das Alter der Probebäume wurde durch Quirlzählung ermittelt.

Mit steigendem Baumalter nimmt bei Fichten und Lärchen der Prozentsatz der Bäume, die am diesjährigen Terminaltrieb sylleptische Triebe gebildet haben deutlich ab. Ausgehend vom Alter 5 geht bei **Fichte** alle 5 weitere Jahre der Anteil der Bäume mit sylleptischen Trieben um etwa die Hälfte zurück. Ab dem Alter 30 werden keine deutlich gestreckten (> 5cm) sylleptischen Triebe mehr gebildet.
Anders bei **Lärche**, wo in jeder der Altersstufen die Werte weit über denen bei **Fichte** liegen. Im Alter 40 weisen

noch rund die Hälfte aller Lärchen sylleptische Triebe auf (Abb.49).

Abb.:49 Prozentanteil von Fichten (Fi) und Lärchen (Lä) mit sylleptischen Trieben (> 5cm) in verschiedenen Alterstufen (N/Altersstufe Fichte: 100; Lärche: 50)

Fig.:49 Percentage of Norway spruce (Fi) and European larch (Lä) of different age-classes with sylleptic shoots (> 5cm) on terminal leaders

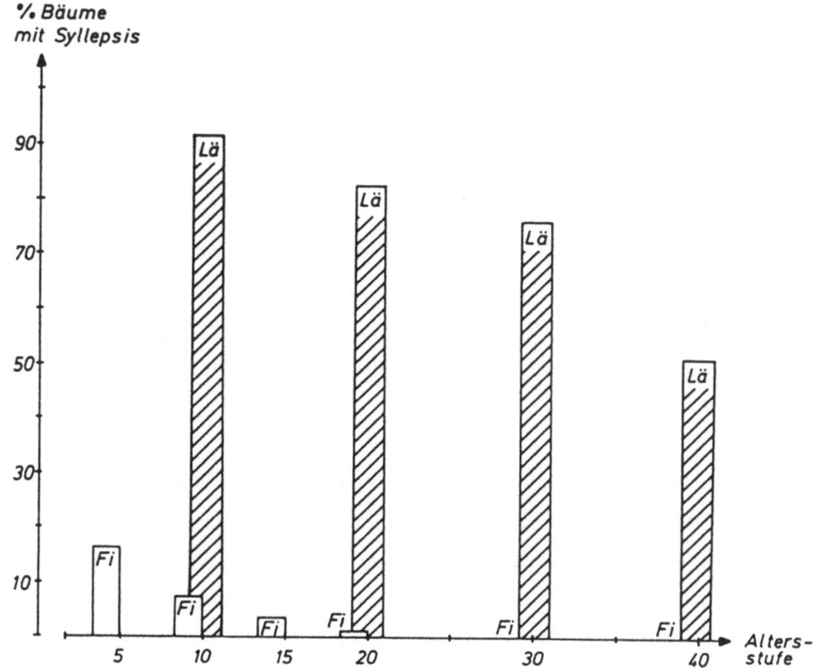

3.7.9. Zusammenhang zwischen Lärchenblasenfußbefall und Syllepsis

Im Jahr 1987 litten die Lärchen im FoA Thiergarten stark unter dem Lärchenblasenfuß (Thaeniothrips laricivorus Krat.). Dadurch bestand die Möglichkeit, Zusammenhänge zwischen der Schadensintensität und der sylleptischen Triebbildung zu erfassen.
An einjährigen Terminaltrieben, zum Teil auch an gleichaltrigen Lateraltrieben 1.Ordnung waren an den befallenen Bäumen die für den Blasenfuß typischen, von PRELL (1942), POSTNER (1973) und SCHWERDTFEGER (1987) beschriebenen Symptome wie Querrißbildung, starker Harzaustritt und Nadelverkrümmungen ("Nadelsträube") zu beobachten. Das Schadensausmaß zeigte deutliche individuelle Unterschiede.

Ende August 1987 wurden bei 10 symptomfreien, sowie bei 20 befallenen Lärchen jeweils die Zahl der sylleptischen Triebe ermittelt, die am einjährigen Terminaltrieb und an den 4 distalsten einjährigen Lateraltrieben 1.Ordnung gebildet worden waren.

Abhängig von der Stärke der Saugschäden waren zum Aufnahmezeitpunkt an den **Terminaltrieben** von der Spitze her bereits unterschiedlich lange Triebteile abgestorben. Wie Abb.50 zeigt, stieg dabei mit abnehmender Länge des verbleibenden, lebenden Triebteiles die Zahl der daran gebildeten sylleptischen Triebe an.
An zwei der sylleptischen Triebe konnte sogar beobachtet werden, daß sie sich im gleichen Jahr nochmals sylleptisch verzweigten. Dieses Phänomen der zweifachen Syllepsis (vgl. Abb.50) war bei keiner anderen in dieser Arbeit durchgeführten Untersuchung aufgetreten.

Abb.:50 Beziehung zwischen verbleibender, lebender Terminaltrieblänge nach Lärchenblasenfußbefall und Anzahl sylleptischer Triebe

Fig.:50 Correlation between length of living terminal leader after Thaeniothrips-attack and number of sylleptic shoots

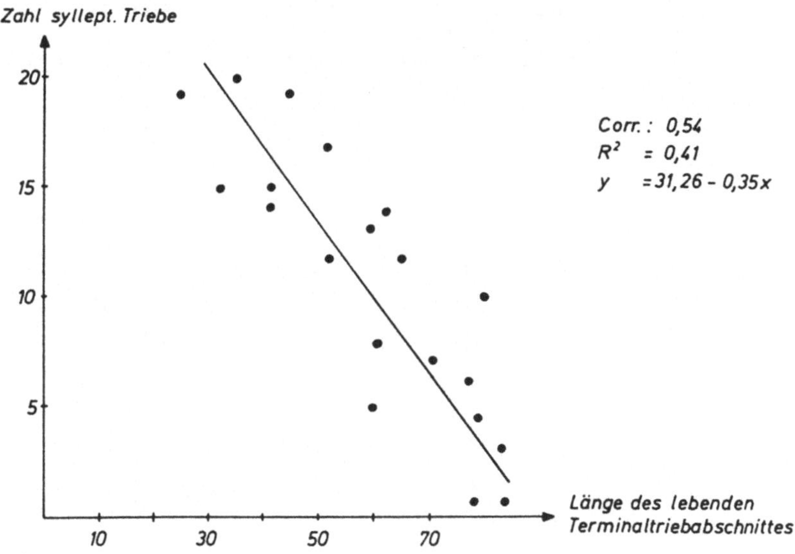

An den **Lateraltrieben** der befallenen Lärchen traten zwar ebenfalls Schäden auf, sie blieben jedoch i.d.R. auf die äußeren 5-10cm des Triebes beschränkt.
Im Unterschied zu symptomfreien Probebäumen mit durchschnittlich 3,4 deutlich gestreckten sylleptischen Trieben an den 4 distalsten Lateraltrieben, waren bei geschädigten Lärchen an entsprechenden Trieben 5,1 sylleptische Triebe gebildet worden (Abb.51).

Abb.:51 Schematische Darstellung sylleptischer Triebbildung an Terminal- und Lateraltrieben bei symptomfreien Lärchen (a) und Lärchen mit starkem Blasenfußbefall (b);(lT: lebender Triebteil, aT: abgestorbener Triebteil, zS: zweifache Syllepsis (Erklärung s. Text)

Fig.:51 Sylleptic shoot formation on terminal and lateral shoots (schematic)
a: without Thaeniothrips laricivorus attack
b: after heavy Thaeniothrips laricivorus attack
(lt living part of shoot; aT dead part of shoot; zS double syllepsis)

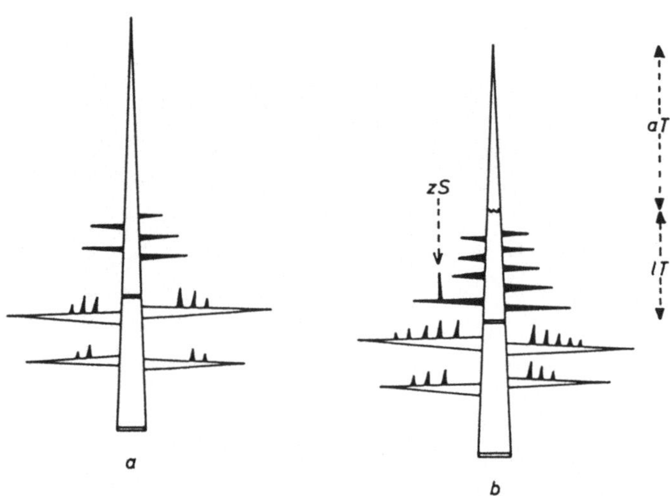

Saugschäden durch den Lärchenblasenfuß führen bei jungen Lärchen offensichtlich zu einer deutlichen Zunahme der am verbleibenden, lebenden Terminaltriebteil, sowie an einjährigen Lateraltrieben gebildeten sylleptischen Triebe.

4. Diskussion

Ein eng verzahntes Gefüge vieler endogener und exogener Faktoren bestimmt den Aufbau der Krone von der Jungpflanze bis zum Altbaum. Dieser kontinuierlich verlaufende Prozeß der Entstehung und räumlichen Orientierung neuer Triebachsen ist primär genetisch festgelegt. Biotische und abiotische Einflüsse wirken modifizierend auf die Kronenarchitektur.
Seit den ersten systematischen Untersuchungen über die Triebbildung ist bekannt, daß bei den meisten heimischen Waldbäumen neben der obligatorischen **regulären** Jahrestriebbildung aus einmal überwinterten Knospen zwei weitere fakultative Triebformen auftreten können. Syllepsis und Prolepsis beschreibt dabei nach der von SPÄTH (1912) festgelegten und von ROLOFF (1986) modifizierten Definition die kontinuierliche bzw. diskontinuierliche Entwicklung lateraler Verzweigungen aus der sich streckenden Mutterachse (**vorzeitige** Triebbildung). Proventivtriebe (GRUBER 1987a,b) entstehen im Gegensatz dazu durch den verspäteten Austrieb schlafender Knospen (**nachzeitige** Triebbildung).

Das Anliegen der vorliegenden Untersuchungen war es, diese grundlegenden Vorgänge an jungen Pflanzen morphologisch zu beschreiben. Entsprechende Erhebungen an Fichten und Lärchen sollten Aussagen über die inner- und zwischenartliche Variabilität der betrachteten Merkmale ermöglichen. Darüberhinaus sollte die Bedeutung mehrerer Umweltfaktoren für das Verzweigungsverhalten der beiden Baumarten geprüft werden.

Die über mehrere Jahre durchgeführten morphologischen Aufnahmen zeigten, daß vorzeitige **proleptische** Triebe bei beiden Baumarten nur vereinzelt ausgebildet wurden. Sie scheinen unter den gegebenen Umständen keine Bedeutung für den Kronenaufbau zu haben.
Ähnliche Verhältnisse bestehen auch bei der **nachzeitigen** Triebbildung. Derart entstandene Triebe traten zwar an allen Probebäumen bei Fichte und Lärche auf, insgesamt haben sie jedoch wegen der geringen Zahl sowie ihres zumeist schon nach zwei Jahren eingestellten Längenwachstums keinen wesentlichen Anteil an der Kronenarchitektur der untersuchten Jungpflanzen.
KRUG und SCHILL (1984) berichten von ähnlichen Ergebnissen bei 20-25jährigen **Fichten** aus dem Bayer. Wald. Sie fanden einen maximalen Nadelmassenanteil der Proventivtriebe von 8% an der Gesamtnadelmasse. Im Gegensatz dazu sind nach Untersuchungen von KRAMPOL (1983), GRUBER (1987b) und LIEDEKER et al. (1988) bei Altfichten bis über 90% aller Triebe proventiven Ursprungs. GRUBER (1987b) wertet diese Ergebnis als Regenerationsprozeß der Krone. Offensichtlich scheinen junge Fichten bei ungestörten Wachstumsverhältnissen kaum auf die Organreserve der schlafenden Knospen zurückzugreifen. Treten jedoch Schädigungen des Assimilationsapparates durch Insektenfraß (BÜSGEN und MÜNCH 1927) oder bei vorzeitigen Nadelverlusten durch Waldsterbensschäden (KRUG und SCHILL 1984) auf, so nimmt auch bei Jungfichten die Zahl der Proventivtriebe zu.
Die von HARTIG (1840) beschriebene proventive Triebbildung bei **Lärche** war am untersuchten Material nicht zu beobachten. Nachzeitige Langtriebe enstanden bei dieser Baumart nur aus durchtreibenden Kurztriebknospen. Dieser bereits von KIRCHNER (1908) erwähnte Sonderfall nachzeitiger Triebbildung blieb im Verhältnis zu sylleptischer

und regulärer Triebbildung unbedeutend. GOEBEL (1933) vermutete einen Zusammenhang zwischen der Wuchsleistung und der Zahl durchtreibender Kurztriebknospen. Eine derartige Korrelation konnte jedoch nicht nachgewiesen werden.

Im Unterschied zur vorzeitigen proleptischen trat vorzeitige **sylleptische** Triebbildung bei beiden Baumarten häufig auf. Syllepsis ist dabei ein stets kontinuierlich verlaufender Prozeß. Insbesondere an einjährigen Terminaltrieben sind i.d.R. mehrere Übergangsformen von schwacher sylleptischer Triebbildung mit wenigen zusätzlich gebildeten Nadeln und ohne erkennbare Triebstreckung bis hin zu mehreren Dezimeter langen Trieben zu beobachten.

An den untersuchten **Fichten** blieb Syllepsis in allen Fällen auf die Terminaltriebachse beschränkt. Wurden nur wenige sylleptische Triebe gebildet, so waren sie am obersten Triebfünftel inseriert. Mit zunehmender Zahl trat auch an tiefergelegenen Terminaltriebabschnitten Syllepsis auf. Im Unterschied zu GRUBER (1987a), der von einer gleichmäßigen Abnahme der Zahl sylleptischer Triebe zur Triebbasis hin berichtet, waren hier am subapikalen Terminaltriebabschnitt deutlich weniger sylleptische Triebe gebildet worden als am nächst tiefer gelegenen Abschnitt. Sylleptische Triebe sind in ihrem Längenwachstum akroton gefördert. Die Längenabnahme am subapikalen Terminaltriebabschnitt ist vermutlich durch die generell zum Ende der Wachstumsperiode verlangsamte Triebstreckung dieser zuletzt entstandenen sylleptischen Triebe erklärbar.

Demgegenüber zeigt Syllepsis bei **Lärche** völlig andere Verteilungs- und Entwicklungsmuster. Sie blieb nicht auf den Terminaltrieb beschränkt, sondern trat häufig und regelmäßig auch an einjährigen Lateraltrieben 1.Ordnung auf. Bei einer geringen Zahl sylleptischer Triebe waren diese stets an der unteren Triebhälfte inseriert. Nahm

ihre Zahl zu, so schritt die sylleptische Triebbildung akropetal voran. Weiterhin war das Längenwachstum basiton gefördert. ROLOFF (1986) deutet ähnliche Verhältnisse bei Buche als mangelnde Apikaldominanz.
Da durch Syllepsis offensichtlich die Austriebshemmung der Terminalknospe auf die Seitenknospen verlorengeht, ist anzunehmen, daß dieser Vorgang der vorzeitigen Triebbildung mit Veränderungen der komplexen hormonellen Steuerungsmechanismen gekoppelt ist.

Auf Grund der geschilderten morphologischen Unterschiede muß die Bedeutung der Syllepsis für den Kronenaufbau im Vergleich zwischen Fichten und Lärchen verschieden bewertet werden. Während Syllepsis bei Fichte die rein zeitliche Vorwegnahme der Triebbildung darstellt, führt sie bei Lärche zu einer deutlichen Bereicherung des Verzweigungssystemes. Diese Folgerung wird auch durch die Untersuchungen über das weitere Längenwachstum von sylleptischen Trieben untermauert. Die bei Lärche i.d.R. in der unteren Triebhälfte inserierten Triebe sylleptischen Ursprungs weisen in den Folgejahren größere Jahrestrieblängen auf, als akropetal angrenzende reguläre Triebe. Syllepsis führt bei dieser Baumart somit zu einer anhaltenden Unterbrechung der durch Akrotonie induzierten Trieblängen- und Vitalitätsabnahme zur Triebbasis hin. Bei Fichte hingegen werden Triebe sylleptischen Ursprungs von subapikal benachbarten regulären Trieben in der Trieblänge übertroffen. Syllepsis hat hier keinen weiteren Einfluß auf das akrotone Hierarchiegefälle.

Reguläre Triebe sind im Unterschied zu sylleptischen Trieben obligatorische Teile des Verzweigungssystemes. Sie gehen stets aus einmal überwinterten Knospen hervor. Aufbau und Größe des sich im Frühjahr streckenden Embryonaltriebes beeinflussen dabei wesentlich den Verlauf und die Dauer des Jahrestriebwachstums (GRUBER

1987a). Nach MITCHELL (1979) sowie REMPHREY und POWELL (1984) sind in Lärchenknospen zwischen 20% und 50% des Triebes vorgebildet. Der übrige Triebteil geht aus den an der Triebspitze neu entstandenen Bildungsgeweben hervor. In den weit größeren Knospen der Fichte ist der neue Trieb bei rein regulärem Wachstum bereits fertig ausgebildet (WÜHLISCH 1984, GRUBER 1987b).
Wechselwirkungen zwischen dem Aufbau des Embryonaltriebes und dem Einfluß der akrotonen Förderung scheinen die gefundenen baumartspezifischen Unterschiede in der Geschwindigkeit und Dauer des Triebwachstums, sowie in der Größe und Verteilung der Seitenknospen hervorzurufen. Das überwiegend praedeterminierte Streckungswachstum von Fichtentrieben zeigt insgesamt einen S-förmigen Verlauf. Es ist bereits etwa Anfang August abgeschlossen. BÜSGEN und MÜNCH (1927) sowie GRUBER (1987b) fanden bei ihren Untersuchungen den gleichen Verlauf der Längenwachstumskurve. Gekoppelt mit einer starken akrotonen Förderung sind dadurch die Häufung der Lateralknospen im basalen Knospenkranz als auch die basipetale Größenabnahme der Knospen erklärbar. Bei Lärche liegt demgegenüber vorwiegend freies Streckungswachstum vor. Die Wachstumskurve der Trieblänge weist einen steilen Anstieg zu Beginn der Triebstreckung auf. Ab Anfang August ist ein deutlicher Rückgang im Längenzuwachs zu verzeichnen. Dies führt einerseits zu einem Auseinanderrücken der Knospen am basisnächsten Triebabschnitt, zum anderen zu einer deutlichen Knospenhäufung am subapikalen Triebabschnitt. Die Knospengröße zeigt kein gerichtetes Hierarchiegefälle.

Diese isoliert für den Einzeltrieb geschilderten Grundlagen des regulären Knospenaustriebes und der Knospenverteilung werden im Gesamtsystem des Baumes bei beiden Baumarten durch akrotone Förderung modifiziert. Sie führt bei Seitentrieben von Fichte und Lärche zu einer Abnahme der Jahrestrieblänge zur Triebbasis hin. Akrotonie

bewirkt bei zunehmendem Astalter weiterhin einen Rückgang der Trieblänge an gleichaltrigen Jahrestrieben. Mit steigender Verzweigungsordnung nimmt unter dem gleichen Einfluß die Zahl der Seitenverzweigungen ab.
Nach HALLE et al. (1978) liegen bei Fichten und Lärchen vergleichbare Architekturmodelle der Krone vor. Die Verteilung der Seitentriebe zeigt im Vergleich der beiden Baumarten jedoch wesentliche Unterschiede. Während bei Fichte i.d.R. alle Knospen mit Ausnahme des basalen Knospenkranzes zu deutlich gestreckten Trieben auswachsen, entstehen bei Lärche nur in der oberen Hälfte des Triebes reguläre Langtriebe. Am proximalen Triebabschnitt werden nur noch Kurztriebe gebildet. GOEBEL (1933) berichtet, daß unter ungünstigen Umweltbedingungen die Langtriebbildung gänzlich unterbleibt. HALLE et al. (1978) vermuten in der Kurztriebbildung generell eine Strategie ökonomischen Triebwachstums. Unter diesem Gesichtspunkt der funktionalen Arbeitsteilung zwischen Langtrieben (Höhenwachstum und Kronenauffächerung) und Kurztrieben (Stoffproduktion) sowie der Möglichkeit je nach herrschenden Wachstumsbedingungen vermehrt die eine oder die andere Triebform auszubilden scheint die Krone der Lärche im Unterschied zu Fichte eine stärker ausgeprägte plastische Reaktionsfähigkeit zu besitzen.

Vorzeitige und reguläre Triebbildung sind bei jungen Fichten und Lärchen Formen des dynamischen Kronenaufbaues. Insbesondere der Einfluß der akrotonen Förderung führt dazu, daß nahe der Triebbasis gelegene Seitentriebe sowie Triebe höherer Verzweigungsordnung und generell photosynthetisch ineffiziente Triebe im Kroneninneren das weitere Längenwachstum einstellen. Wie gezeigt werden konnte, hatten bei beiden Baumarten an den untersuchten Probeästen bereits rund 20% aller regulären Triebe das Längenwachstum eingestellt. Von besonderer Bedeutung ist dabei, daß unter Berücksichtigung der bei Lärche stets basipetal inserierten Triebe sylleptischen Ursprungs der

Anteil der Triebe mit eingestelltem Längenwachstum nur um 5% zunahm. Die bei dieser Baumart durch Syllepsis zusätzlich gebildeten Triebachsen verlieren in den Folgejahren unter dem Einfluß der Akrotonie offensichtlich nur geringfügig an Wuchskraft.

Insgesamt betrachtet liegen bei Fichten und Lärchen deutlich unterschiedliche Verzweigungstrategien vor. Insbesondere die räumliche Verteilung am Einzeltrieb wie auch im Gesamtbaum weisen bei Lärche auf alternative Reaktionsmöglichkeiten der Verzweigung bei wechselnden Umwelteinflüssen durch Kurz- oder Langtriebbildung, sowie durch die zusätzliche Bildung sylleptischer Triebe hin. Im Gegensatz dazu treiben bei Fichte zumeist alle Knospen zu regulären Langtrieben aus. Exogene Faktoren wirken ausschließlich modifizierend auf die Trieblänge. Syllepsis führt hier nicht zu einer Bereicherung des Verzweigungssystemes.

Aufbauend auf diesen Ergebissen wurden mehrere endogene und exogene Faktoren in ihrer Bedeutung für das Verzweigungsverhalten analysiert. Vergleichende Erhebungen an Probebäumen beider Holzarten sollten dabei auch eine Wichtung der Einflußparameter ermöglichen.

Die grundlegende Bedeutung der herkunftsbedingten Veranlagung für die sylleptische Triebbildung ist seit langem bekannt. In Provenienzversuchen wurde für Fichte (SCHMIDT-VOGT 1965, MOULALIS 1973) und Lärche (BURGER 1944, LEIBUNDGUT und KUNZ 1952) nachgewiesen, daß generell Tieflagenherkünfte, sowie bei Lärche zusätzlich die Herkunft Sudeten stärker zu Syllepsis neigen als Hochlagenherkünfte bzw. Lärchen aus dem übrigen Verbreitungsgebiet.
Da sich an den Probelärchen in Kipfenberg und Thiergarten deutliche Unterschiede in der Häufigkeit sylleptischer Triebe zeigten, wurden zur Beurteilung der Herkunftsfrage gaschromatographische Untersuchungen der Monoterpenfraktion durchgeführt. Die gefundenen Monoterpenzusammensetzungen weisen eindeutig darauf hin, daß in beiden Forstämtern Alpenlärchen angebaut wurden (LANG mündl. Mitteilung). Die angewandte Methode ließ jedoch keine Rückschlüsse auf die Höhenlage des Herkunftsortes zu. Nach den Ergebnissen von BURGER (1944) sprechen die hohen Prozentanteile von Lärchen mit Syllepsis trotz der gefundenen standörtlichen Unterschiede jedoch in beiden Fällen für Tieflagenherkünfte.
Die geringfügig höheren Werte der Syllepsishäufigkeit bei Fichten in Thiergarten liegen im Bereich der herkunftsspezifischen Varianz (MONCHAUX 1984) und weisen damit ebenfalls auf eine enge Verwandtschaft der Probebäume an beiden Standorten hin.
Da nach BURGER (1944) bei Lärche erst bei Hochlagenherkünften über 1500m ü. N.N., sowie nach SCHMIDT-VOGT (1977) bei Fichten aus dem skandinavischen Verbreitungsgebiet eine massive Abnahme der Neigung zu Syllepsis eintritt, erschien die genetische Vergleichbarkeit zwischen dem Versuchsmaterial aus Kipfenberg und Thiergarten gewährleistet.

Unter der Voraussetzung, daß in jedem der beiden Forstämter und bei beiden Holzarten hinsichtlich der Herkunft einheitliches Pflanzenmaterial verwendet wurde, konnten bei beiden Baumarten deutliche individuelle Unterschiede in der Zahl sylleptischer Triebe festgestellt werden. Dabei hatten Einzelindividuen trotz überdurchschnittlicher Höhenzuwächse im gesamten Beobachtungszeitraum in keinem Jahr sylleptische Triebe gebildet.
Im Unterschied zu LEIBUNDGUT und KUNZ (1952) sowie SCHMIDT-VOGT (1977) ist hieraus zu folgern, daß Syllepsis nicht eine Funktion der individuellen und herkunftsbedingten Höhenwuchsleistung ist. Vielmehr scheint primär die individuelle Veranlagung über das Vermögen zur sylleptischen Triebbildung zu entscheiden. Ist diese Veranlagung vorhanden, so nimmt mit steigender Trieblänge die Zahl sylleptischer Triebe zu (s.u.).

Seit den ersten systematischen Untersuchungen über die vorzeitige Triebbildung wurde von vielen Autoren die Abhängigkeit der Syllepsis vom Baumalter betont (SPÄTH 1912, SCHMIDT-VOGT 1977, REMPHREY und POWELL 1985, ROLOFF 1986, GRUBER 1987a,b). Genauere Angaben lagen bislang jedoch nicht vor.
Bei beiden Baumarten aus dem FoA Kipfenberg ging die Zahl der Probebäume mit deutlich gestreckten sylleptischen Trieben mit zunehmendem Alter zurück. Dennoch gab es artspezifische Unterschiede. Während bei Fichte ausgehend von rund 15% der Bäume mit Syllepsis bei 5jährigen Pflanzen alle 5 weiteren Jahre der Anteil um etwa die Hälfte abnahm, wiesen Lärchen im Alter 40 noch zu rund 50% sylleptiche Triebe auf. Vermutlich ist die Ursache für diese artspezifischen Unterschiede wiederum in der abweichenden funktionalen Bedeutung der Syllepsis zu suchen. Auch ältere Lärchen greifen offensichtlich noch in hohem Maß auf die sylleptische Triebbildung zur Bereicherung ihres Verzweigungssystemes zurück. Im Gegensatz dazu kommt die Syllepsis bei über 30jährigen

Fichten zum Erliegen. GRUBER (1987b) nimmt für diese Altersabhängigkeit generell sich verschlechternde Wachstumsbedingungen an.
Bei dieser Interpretation wird jedoch die vom gleichen Autor gefundene Korrelation zwischen zunehmender Terminaltrieblänge und steigender Zahl sylleptischer Triebe nicht konsequent berücksichtigt. Nach der Ertragstafel von WIEDEMANN (mäßige Durchforstung) erreichen Fichten, je nach Bonität im Alter 25-35 den höchsten laufenden Höhenzuwachs. Das Fehlen sylleptischer Triebe ab dem Alter 30 kann somit in erster Linie kaum durch schlechtere Wuchsverhältnisse erklärt werden. Vielmehr ist anzunehmen, daß altersabhängige, hormonell gesteuerte Veränderungen zum Verlust der Fähigkeit zur sylleptischen Triebbildung führen. Die kontinuierliche Abnahme des Prozentanteils von Lärchen mit Syllepsis ab dem Alter 10 läßt bei dieser Baumart ähnliche Zusammenhänge vermuten.
Da in beiden Forstämtern bei beiden Baumarten jeweils gleichaltrige Probebäume untersucht wurden, scheidet das Alter als Ursache für die standörtlichen Unterschiede in der Häufigkeit sylleptischer und regulärer Triebe aus.

Im weiteren wurden daher exogen wirksame Faktoren biotischer und abiotischer Art hinsichtlich ihres Einflusses auf das Verzweigungsverhalten untersucht.

Abgesehen von standortspezifischen Unterschieden in den Mg-, Ca-, K-, Al- und Mn-Gehalten in den Nadeln, die wahrscheinlich durch die jeweiligen geologischen Bedingungen bzw. durch die Reaktion des Subtrates verursacht sind, wiesen Fichten und Lärchen in Thiergarten höhere, statistisch jedoch nicht abgesicherte N-Gehalte auf als in Kipfenberg.

Um generell zu überprüfen welchen Einfluß ein gesteigertes N-Angebot auf die Triebbildung hat, und um abschätzen zu können, welche Bedeutung dabei den unterschiedlichen

N-Gehalten in den Nadeln der Probebäume beizumessen ist, wurden Düngungsversuche mit Kalkammonsalpeter durchgeführt.

Topf- und Bestandsdüngungen zeigten dabei deutlich gleichsinnige Ergebnisse. Die Applikation von Kalkammonsalpeter führte bei beiden Baumarten zu einem Anstieg der Zahl sylleptischer Triebe. Der von SPÄTH (1912) und GRUBER (1987a) vermutete Zusammenhang zwischen dem Ernährungszustand und der sylleptischen Triebbildung konnte somit in dieser Arbeit für ein verbessertes N-Angebot nachgewiesen werden.
Pflanzen aus den Düngervarianten mit der durchschnittlich höchsten Zahl sylleptischer Triebe wiesen gleichzeitig auch die durchschnittlich längsten Höhentriebe auf. Der Rückgang der Terminaltrieblänge sowie der Syllepsis bei höheren Düngergaben kann jedoch nicht allein als vitalitätsmindernder Überdüngungseffekt gewertet werden. Vielmehr war hier eine überdurchschnittliche Längenzunahme von Lateraltrieben und sylleptischen Trieben zu beobachten. Diese Ergebnisse deuten auf einen entscheidenden Einfluß des Stickstoffes auf die hormonell gesteuerten Hierarchieverhältnisse im Sinn einer Abschwächung der Apikaldominanz bei gesteigertem N-Angebot hin.
Ferner wiesen die Bestandsdüngungsversuche vor allem bei Fichte nach, daß Stickstoffdüngung nur im Rahmen der genetischen Veranlagung zu einem Anstieg der Syllepsis führt. Während die Zahl der Bäume mit sylleptischen Trieben von der Kontrolle zur schwächsten Düngervariante stark anstieg, war bis zur stärksten Variante nur noch eine schwache Zunahme zu verzeichnen. Trotz der hohen Düngermenge von 400kg/ha wiesen hier zwei Drittel der Fichten keine deutlich gestreckten sylleptischen Triebe auf.

Die bei gedüngten und ungedüngten Bestandesfichten und -lärchen durchgeführten Nährelementanalysen der Nadeln zeigten trotz der bereits guten N-Versorgung einen deutlichen Anstieg der N-Gehalte durch die Kalkammonsalpeter-Gaben. Dabei war bei Lärche eine stärkere Zunahme der N-Gehalte als bei Fichte zu verzeichnen. JUNG und RIEHLE (1966) berichten in anderem Zusammenhang von einer wesentlich größeren N-Ausnutzung der Lärche gegenüber anderen Baumarten nach Stickstoffdüngung. Unter diesem Gesichtspunkt ist zu vermuten, daß die weit höhere Zahl regulärer und sylleptischer Triebe bei ungedüngten Lärchen in Thiergarten gegenüber Kipfenberg zum Teil, jedoch nicht im vollen Umfang, auf die bessere N-Versorgung an diesem Standort zurückzuführen ist.

Wie sich in den Düngungsversuchen bereits abzeichnete und wie von GRUBER (1987b) für Fichte sowie von REMPHREY und POWELL (1984) für *Larix laricina* (Du Roi) nachgewiesen wurde, steigt mit zunehmender Trieblänge die Zahl der sylleptischen Triebe an. Gleiche Korrelationen konnten an den Probelärchen (*Larix decidua* (Mill.)) für die Wachstumsparameter Radialzuwachs, Terminaltrieblänge und Nadelgewicht auf beiden Standorten nachgewiesen werden.
Die durchschnittliche Terminaltrieblänge sowie der durchschnittliche Radialzuwachs lagen dabei in Thiergarten etwa doppelt so hoch wie in Kipfenberg.
Berücksichtigt man weiterhin, daß Individuen mit sylleptischen Trieben bei beiden Baumarten signifikant höhere Stickstoff-Gehalte in den Nadeln aufwiesen als Indvividuen ohne sylleptische Triebe, so muß Syllepsis im Rahmen der jeweiligen N-Versorgung generell als Maß für die individuelle und standörtliche Wuchsleistung gewertet werden.
Nach der errechneten Korrelation zwischen ansteigendem Radialzuwachs und der Zunahme der Zahl regulärer Jahrestriebe sind bei der regulären Triebbildung ähnliche Verhältnisse anzunehmen.

Da zwar die Nährelementanalysen auf eine etwas bessere Stickstoffversorgung in Thiergarten hinweisen, die sylleptische und reguläre Triebbildung sowie der Radial- und Höhenzuwachs in Kipfenberg gleichzeitig teilweise um mehr als die Hälfte geringer ist, müssen weitere Faktoren wirksam sein, die diese standörtlichen Unterschiede bewirken.

KNOCH (1952) betont, daß neben den jeweiligen witterungsunabhängigen Standortsverhältnissen besonders die Lufttemperatur und der Niederschlag des Einzeljahres von entscheidender Bedeutung für das Pflanzenwachstum sind. Zur Charakterisierung dieser wachstumswirksamen Witterungswerte führte er den mittleren Trockenheitsindex für die Vegetationsperiode (MTI) ein. Die für den Untersuchungszeitraum für Kipfenberg und Thiergarten berechneten MTI-Werte wiesen keinen Zusammenhang zwischen der sylleptischen Triebbildung und der Witterung des entprechenden Jahres nach. Bezogen auf den Einzelstandort lagen die MTI-Werte für Kipfenberg stets geringfügig höher als in Thiergarten. Die herrschenden Niederschlags- und Temperaturverhältnisse können somit nicht als Erklärung für das unterschiedliche Verzweigungs- und Zuwachsverhalten auf den beiden Standorten herangezogen werden.

Neben der witterungsabhängigen Niederschlagsmenge ist gleichzeitig die Speicherkapazität des Bodens für pflanzenverfügbares Wasser entscheidend für die Wachstumsbedingungen. Zwar wurden an den beiden Standorten keine Untersuchungen über die einzelnen Parameter des Bodenwasserhaushaltes durchgeführt, die forstamtseigenen Unterlagen lassen jedoch Rückschlüsse auf die jeweils herrschenden Verhältnisse zu. Der von der Bodenart mäßig trockene Lehm mit hohem Skelettanteil und einer Gründigkeit von 2-3dm in Kipfenberg läßt gegenüber dem Standort Thiergarten mit tiefgründigem, frischem Lehm deutliche Unterschiede in der Speicherkapazität der jeweiligen

Böden annehmen. Wird weiterhin berücksichtigt, daß die Lärche hohe Ansprüche an die Bodenfrische stellt (DENGLER 1930, SCHÜTT et al. 1984), so muß angenommen werden, daß dieser Faktor wesentlich zu der deutlich geringeren regulären und sylleptischen Verzweigung in Kipfenberg beigetragen hat.

Die betrachteten Einflußfaktoren zeigen in ihrer Bedeutung für die sylleptische und reguläre Triebbildung ein deutlich gestaffeltes Gefüge.
Die genetische Veranlagung entscheidet primär über die Fähigkeit sylleptische Triebe ausbilden zu können. Nachgeordnet führt offensichtlich die ontogenetische Entwicklung zum Rückgang dieser Triebform. Syllepsis ist jedoch weiterhin bei jungen, genetisch disponierten Pflanzen nur unter günstigen Standortsverhältnissen deutlich ausgeprägt. Ungünstige Element- (vor allem bei Stickstoff) und Wasserversorgung führen zum Zuwachsrückgang und parallel dazu zur Abnahme sylleptischer Triebe. Biotische Schäden können, wie am Beispiel des Lärchenblasenfußbefalls nachgewiesen, diese Gefüge überlagern und zum vermehrten Austrieb sylleptischer Triebe führen. MÜNCH (1939) berichtet von ähnlichen Ergebnissen nach Frostschäden bei Lärche.
Aus den vorliegenden Untersuchungen können für die reguläre Verzweigung vergleichbare Verhältnisse angenommen werden.

5. Zusammenfassung

Es werden grundlegende morphologische Vorgänge der Triebbildung bei jungen Fichten und Lärchen beschrieben. Dazu tragen Freilanderhebungen bei, welche die individuelle und standortsabhängige Streubreite der betrachteten Triebformen herausstellen. Weiterhin werden endogene und exogene Faktoren in ihrer Bedeutung für das Verzweigungsverhalten untersucht.

Als wichtige Ergebnisse werden herausgestellt:

1. Für den Kronenaufbau stehen jungen Fichten und Lärchen die Verzweigungsformen der vorzeitigen, regulären und nachzeitigen Triebbildung zur Verfügung.

1.1. Vorzeitig proleptische und nachzeitig entstandene Triebe traten bei beiden Baumarten nur vereinzelt auf. Ihre Bedeutung für die Kronenarchitektur ist gering.

1.2. Vorzeitige sylleptische Triebbildung war bei Fichten und Lärchen häufig. Sylleptische Triebe sind bei Fichte akroton, bei Lärche basiton gefördert. Insbesondere die hohe Syllepsishäufigkeit sowie die räumliche Anordnug sylleptischer Triebe führen bei Lärche zu einer deutlichen Bereicherung des Verzweigungssystemes. Im Gegensatz dazu führt Syllepsis bei Fichte nicht zu einer Zunahme der Verzweigungsintensität.

1.3. Reguläre Triebe sind bei beiden Baumarten akroton gefördert. Funktional betrachtet scheint die Lärche durch die Möglichkeit je nach herrschenden Umweltbedingungen vermehrt Kurz- oder Langtriebe auszubilden eine höhere plastische Reaktionsfähigkeit zu besitzen.

1.4. Bei beiden Arten wurde ein hoher Prozentsatz von Trieben mit eingestelltem Längenwachstum festgestellt.

2. Endogene und exogene Einflüsse sind in ihrer Bedeutung für das Verzweigungsverhalten unterschiedlich zu beurteilen.

2.1. Primär entscheidet bei beiden Baumarten die individuelle und herkunftsbedingte genetische Veranlagung über die Fähigkeit sylleptische Triebe auszubilden.

2.2. Die ontogenetische Entwicklung führt bei Fichten und Lärchen zum Rückgang der Syllepsis.

2.3. Düngungsversuche mit Kalkammonsalpeter wiesen einen deutlich fördernden Effekt auf die sylleptische Triebbildung durch das gesteigerte N-Angebot nach.

2.4. Auf den Untersuchungsstandorten Kipfenberg und Thiergarten hatten die im Beobachtungszeitraum herrschenden Witterungsverhältnisse ausgedrückt im mittleren Trockenheitsindex während der Vegetationsperiode keinen Einfluß auf die sylleptische Triebbildung.

2.5. Die Zunahme der sylleptischen Triebbildung ist deutlich mit ansteigendem Radialzuwachs, Nadelgewicht und Terminaltrieblänge korreliert.

2.6. Wie am Beispiel des Lärchenblasenfußbefalls nachgewiesen, können auch biotische Schäden zu einer Zunahme sylleptischer Triebe führen.

2.7. Insbesondere bei Lärche zeigt die Intensität der sylleptischen und regulären Triebbildung zwischen den Standorten Kipfenberg und Thiergarten deutliche Unterschiede. Vor allem scheinen die jeweiligen Verhältnisse in Bezug auf die Wasser- und Stickstoff-Versorgung einen Einfluß auf diese Abweichungen im Verzweigungsmodus auszuüben.

Die beschriebenen Untersuchungen zum Austriebs- und Verzweigungsverhalten junger Fichten und Lärchen sind im Sinn einer morphologischen und ökologischen Bestandsaufnahme über die natürliche Streubreite der betrachteten Parameter zu verstehen. Sie können bei weiteren Forschungen zum Einfluß pathologischer Schadereignisse - insbesondere im Sinn von Waldsterbenseinflüssen - auf die Kronenmorphologie herangezogen werden.

Shoot formation, branching habit and crown development in young Norway spruce and European larch

Contents:

(main topics only)

Summary:

Morphological alterations are said to be part of the symptomatology of forest decline. Recent investigations have pointed out the variability of branching and of shoot formation. For instance, the number of proventitious shoots is discussed as an indicator of reduced vitality in fir and spruce species. In general it has become more and more obvious that sufficient information on "normal" processes of crown development is lacking.

Ever since the first investigations on shoot formation (SPÄTH 1912), it has been known that most forest tree species develop two **facultative** shoot types in addition to their **regular** shoot formation out of winter buds. **Syllepsis** and **prolepsis** are the continuous or discontinuous development of lateral branches out of a growing parent axis (**premature** shoot formation). In contrast **proventitious** or **adventitious** shoots arise from dormant or newly formed buds (**retarded** shoot formation).

Characteristics of different shoot types;
according to SPÄTH 1912, FINK 1980, ROLOFF 1984, KRUG and SCHILL 1984, GRUBER 1987 a,b

Shoot type	**Characteristics**
regular shoot	extension of the embryonic shoot in the subsequent vegetation period; buds rest during winter
premature shoot	
- syllepsis	shoot extension of lateral shoots during the elongation of the parent axis within the same vegetation period; based on the activity of lateral meristems, which do not show an evident rest period; scars of bud scales at the base of the shoot are lacking
- prolepsis	extension of the embryonic shoot of lateral buds in the same vegetation period; growth of parent

	axis is mainly finished when proleptic shoots arise; scars of bud scales at the base of the are evident
retarded shoot	
- proventitious shoot	delayed shoot formation from dormant lateral buds at the earlierst two years after their formation; arise mostly close to the base of the parent axis; the pith of proventitious shoots is always connected to the pith of the parent axis
- adventitious shoot	formation of new shoots mainly after injury; the pith of adventitious shoots is not connected to the pith of the parent axis

In this paper the basic processes of branching and crown development in young Norway spruce and European larch are described. The intra- and interspecific variability of different shoot types is studied. Furthermore the importance of several biotic and abiotic factors for shoot formation is analyzed.

Material for morphological investigations was sampled from 10 year old *Picea abies* and *Larix decidua* from two sites in southern Bavaria. Observation of growth of trees on their natural stands as well as fertiliztion experiments took place at the same locations.

The most important results are as follows:

1. Crown development is a continuous process beginning in the seedling stage and lasting to the mature tree. Apart from the formation of new shoot-axes through the development of premature, regular und retarded shoots, a high amount of axes (mainly in the lower part of the crown) already ceased growth, but still remained alive.

1.1. Proleptic and retarded shoots are of minor

importance for the crown development of young Norway spruce and European larch. In comparison to regular and sylleptic shoots they are rare and do not lead to a lasting enrichment of branching intensity (chap. 3.2.2.3., 3.3.4., 3.4.3., 3.5.3.).

1.2. Premature sylleptic branching is common in both tree species. Sylleptic shoots are promoted acrotonously in spruce and basitonously in larch.
In larch, the higher amount of sylleptic shoots on leaders and order 1 branches as well as their position mainly at the lower part of the parent axis intensifies the branch systems visibly.
In Norway spruce however, syllepsis is only a temporal anticipation of shoot formation; the number of branches is not increased (chap. 3.2.2.1., 3.3.2., 3.4.1., 3.5.1.).

1.3. In both tree species regular shoots are promoted acrotonously. In larch the ability to form short or long shoots according to the prevailing environmental conditions is an indication of the high plastic reactibility of this tree species (chap. 3.2.2.2., 3.3.3., 3.4.2., 3.5.2.).

1.4. With increasing age and increasing order lateral branches (ca. 23% of all 1-5 year old branches) stop growing (chap. 3.6.).

In general, spruce and larch show different branching strategies. In larch, syllepsis and the possibility to form long or short shoots are means for adapting the crown development to the prevailing growth conditions. Normally in spruce all buds form regular shoots. Exogenous factors only influence the shoot length. If syllepsis occurs, it does not increase the number of lateral branches.

2. Endogenous and exogenous influences are of different importance for branch formation. In both species the formation of regular and sylleptic shoots is controlled by hierarchically organized factors.

2.1. The ability to form sylleptic shoots is primarily determined by individual genetic disposition (chap. 3.7.5.). According to BURGER (1944), LEIBUNDGUT + KUNZ (1952) and MONCHAUX (1984) even provenances can be distinguished by their capacity of sylleptic shoot formation.

2.2 In both species certain ontogenetic stages of development cause a reduction of syllepsis. In spruce no trees, over 20 years of age were observed to have formed sylleptic branches on the terminal leader. In contrast 50% of larches over 40 showed syllepsis (chap.3.7.8.).

2.3. Nitrogen fertilization promoted the production of sylleptic branches. It was observed that improved N-nutrition causes a general decrease of apical dominance (chap. 3.7.5.).

2.4. On both stands weather conditions expressed in MTI (mean drought index during the vegetation period; KNOCH 1952) had no influence on the formation of sylleptic shoots (chap. 3.7.7.).

2.5. In comparing different stands it was noted that larch in Thiergarten produced many more sylleptic and regular branches than trees in Kipfenberg. Better N-nutrition and more available soil water in Thiergarten are probably reasons for the higher branching intensity (chap. 3.7.2.).

2.6. Increasing frequency of syllepsis is strongly correlated with increasing radial increment growth, needle weight and length of terminal leader (chap. 3.7.6.).

2.7. Damages by *Thaeniothrips laricivorus* obviously increase the formation of sylleptic shoots (chap. 3.7.9.).

Sylleptic and regular shoot formation are controlled by a complex of differentiated factors. Genetic disposition as well as actual growth conditions modify the frequency of both shoot forms. An increase in number of sylleptic and regular shoots can probably be intrepreted as a rise in growth efficiency. Syllepsis obviously is caused by a change in the phytohormon budget and can be explained as a symptom of decreased apical dominance.

As shown in the chapters describing the results of the morphological and experimental investigations, branching is ruled by a broad variety of different factors. If the causes of forest decline also influence shoot and branch development they cannot be the primary agent.
An increase of sylleptic branching as observed in some young conifer stands could indicate the presence of specific atmospheric pollutants such as growth altering organic substances or excess nutrient deposition. On the other hand one can expect a reduction in branching in regions with massive deposition of toxic substances.
Further research is necessary to answer these questions.

6. Literaturverzeichnis

ANONYMUS, **1981** : Hilfstafeln für die Forsteinrichtung. Herausgeg. von : Bayer. Staatsministerium für Ernährung, Landwirtschaft und Forsten; Ministerialforstabteilung München

ALCUBILLA, M., AUFSESS, H. von, REHFUESS, K.E., **1976** : Sticksoffdüngungsversuche in einer Fichtenwuchsstockung (Picea abies Karst.) auf devastierter Kalkmergel-Rendzina: Wirkungen auf die Nährelementgehalte der Fichtengewebe und den Höhenzuwachs. Forstw. Cbl. 95; 306-323

ARNDT, U., OBERLÄNDER, W., KÖNIG, E., **1983** : Auftreten und Wirkung gasförmiger Luftverunreinigungen in Waldgebieten Baden-Württembergs. VDI-Berichte Nr. 500, 249-255

BOSCH, C., PFANNKUCH, E., REHFUESS, K.E., RUNKEL, K.H., SCHRAMEL, P., SENSER M., **1986** : Einfluß einer Düngung mit Magnesium und Calcium, von Ozon und saurem Nebel auf Frosthärte, Ernährungszustand und Biomasseproduktion junger Fichten (Picea abies L. Karst.). Forstw. Cbl. 105; 218-230

BARTELS, H., **1986** : Morphologische Kriterien der neuartigen Waldschäden. Beiträge zum IMA Querschnittsseminar vom 2.-4.Dez. 1985 in der Kernforschungsan- Jülich, S.318-321

BURGER, H., **1944** : Johannistriebe der Lärche. Z.ges.Forstw. 6; 10-13

BÜSGEN, M.; MÜNCH, E., **1927** : Bau und Leben unserer Waldbäume. Verlag G. Fischer, Jena

BURT, H., **1899** : Über den Habitus der Coniferen. Dissertation an der naturwissenschaftl. Fakultät der Eberhard-Karls-Universität Tübingen; 1-86

DENGLER, A., **1930** : Waldbau. Verlag J. Springer, Berlin

DIXON, W.J., **1985** : BMDP Statistical Software. Univ. of California Press; Berkeley, Los Angeles, London

FIEDLER, H.J.; NEBE, W.; HOFFMANN, F., **1973**: Forstliche Pflanzenernährung und Düngung. G. Fischer Verlag, Stuttgart

FIEDLER, H.J.; MÜLLER W., **1973** : Gewicht und Nährstoffgehalt eines Fichtenaltbestandes auf Thüringer Buntsandstein in Abhängigkeit von Nadelalter und Kronenposition. Beitr. f. Forstw. 7; 12-137

FINK, F., **1980** : Anatomische Untersuchungen über das Vorkommen von Spross- und Wurzelanlagen im Stammbereich von Laub- und Nadelhölzern. Dissertation Forstwiss. Fakultät der Albert-Ludwigs-Univ. Freiburg

GOEBEL, K., **1933** : Organographie der Pflanzen 3.Teil, Samenpflanzen. 3.Aufl.; G.Fischer Verlag Jena

GRUBER, F., **1984** : Morphologische und anatomische Untersuchungen an Terminaltrieben geschädigter und ungeschädigter Fichten (Zwischenergebnis). Berichte des Forschungszentrums Waldökosysteme/Waldsterben; 3; 27-53, Göttingen

GRUBER, F., **1987a** : Beiträge zum morphogenetischen Zyklus der Knospe zur Phyllotaxis und zum Triebwachstum der Fichte (Picea abies (L.) Karst.) auf unterschiedlichen Standorten. Berichte des Forschungszentrums Waldökosysteme/Waldsterben; Reihe A, 25, 1-215, Göttingen

GRUBER, F., **1987b** : Das Verzweigungssystem und der Nadelfall der Fichte (Picea abies (L.) Karst.) als Grundlage zur Beurteilung von Waldschäden. Berichte des Forschungszentrums Waldökosysteme/ Waldsterben; Reihe A, 26, 1-264, Göttingen

HALLE, F.; OLDEMANN, R.A.A.; TOMLINSON, P.B., **1978** : Tropical trees and forests. Springer Verlag; Berlin, Heidelberg, New York

HARTIG, T., **1840**: Vollständige Naturgeschichte der forstlichen Culturpflanzen Deutschlands. A. Förstner Verlag Berlin

HOQUE, E., **1984** : Norway spruce die-back: isolation, biological activity, measurement of concentration of p-hydroxy acetophenone and its O-glucoside (Picein) by gas chromatography. Eur. J. For. Path. 14, 377-382

HOQUE, E., **1985** : Norway spruce die-back: occurence, isolation and biological activity of p-hydroxy acetophenone and p-hydroxy acetophenone-o-glucoside and their possible roles during stress phenomena Eur. J.For. Path. 15, 129-145

JUNG, J.; RIEHLE, G., **1966** : Mehrjährige Düngungsversuche mit Forstpflanzen in Gefäßen. Forstw. Cbl. 85, 107-120

KASBERGER, G., **1982** : Schaftbau, Wachstumsgang und Kronenstrukturmerkmale wuchsgeschädigter Fichten im FoA Bodenmais. Diplomarbeit am Lehrstuhl für Waldwachstumskunde, München

KENNEL, E. ; GAMPE, S., **1983** : Die Bayerische Waldschadensinventur 1983. Information 4/83. Bayerische Staatsforstverwaltung, Sonderheft Waldsterben, 10-22, München

KIRCHNER, O., **1908** : Lebensgeschichte der Blütenpflanzen Mitteleuropas. Verlagsbuchhandlung E. Ulmer; Stuttgart

KNOCH, K., **1952** : Klima-Atlas von Bayern. Deutscher Wetterdienst in der US-Zone; Zentralamt Bad Kissingen

KRAMPOL, P., **1983** : Nottriebe - ein Symptom des Fichtensterbens. Diplomarbeit am Lehrstuhl für Forstbotanik, München

KRAPFENBAUER, A., **1987** : Merkmale der Eichenerkrankung - und Hypothesen zur Ursache. Österr. Forstz. 3, 42- 46

KREUTZER, K., **1967** : Ernährungszustand und Volumenzuwachs von Kiefernbeständen neuer Düngungsversuche in Bayern. Forstw. Cbl. 86, 28-53

KRIVAN, V.; SCHALDACH, G., **1986** : Untersuchungen zur Probenahme und -vorbehandlung von Baumnadeln zur Elementanalyse. Fresenius Zeitschr. für analyt. Chemie 324, 158-167

KRUG, E.; SCHILL, H., **1984** : Angsttriebbildung bei jungen Fichten. Diplomarbeit am Lehrstuhl für Forstbotanik, München

LANG, K.J., **1976** : Unterschiede in der Monoterpenzusammensetzung des Harzes einjähriger Lärchenzweige. Forstw. Cbl 95, 142-147

LANG, K.J., **1987** : Die quantitative Verteilung der Monoterpene in verschiedenen Teilen einer 19jährigen Lärche (Larix decidua Mill.) Phyton 27, 283-298

LEIBUNDGUT, H.; KUNZ, E., **1952** : Untersuchungen über europäische Lärchen verschiedener Herkunft; 1. Anbauversuche. Mitteilungen der Schweizer. Anstalt für das Forstl. Versuchswesen 28, 409-493

LIEDEKER, H.; SCHÜTT, P.; KLEIN, R.M., **1988** : Symptoms of forest decline (Waldsterben) on Norway and red spruce. Eur. J. For. Path. 18, 13-25

MARCET, P., **1985** : Anmerkungen und Richtigstellungen zum "Baumsterben". Schweizer. Zeitschr. Forstwesen 136, 217-223

MITCHELL, A., **1979** : Die Wald- und Parkbäume Europas. Verlag P. Parey, Hamburg und Berlin

MOHR, H., 1986 : Die Erforschung der neuartigen Waldschäden. Biologie in unserer Zeit 16, 83-89,

MONCHAUX, P., 1984 : De l'interaction clone x environment chez l'epicea commun. In: Annales de recherches sylvicoles; AFOCEL Paris; 34-42

MOOSMAYER, H.-U., 1986 : Stand der Forschung über das Waldsterben und Fortschritte seit 1984. Allg. Forst Z. 46, 1150-1153

MOULALIS, D., 1973 : Untersuchungen über das Austreibeverhalten der Baumart Fichte (Picea abies (L.) Karst.) in Bayern und die Züchtung auf Spätfrostresistenz. Forstw. Cbl. 92, 24-47

MÜNCH, E., 1939 : Die Ursachen des "Korbwuchses" der Junglärchen. Forstw. Cbl. 61, 525-531

NIHLGARD, B., 1985 : The ammonium hypothesis: an additional explanation to the forest dieback in Europe. Ambio 14, 2-8

NORUSIS, M.J., 1986 : SPSS/PC+ for the IBM PC/XT/AT. SPSS Inc. Chicago, Illinois.

POLLARD, D.F.; LOGAN K.T., 1976 : Inherent variation in "free" growth in relation to numbers of needles produced by provenances of Picea mariana. Aus: Tree physiology and yield improvement. Herausgeber: Cannell, M.G.; Last, F.T.; Academic Press; London und New York; 245-251

POSTNER, M., 1963 : Insektenschäden an der Lärche außerhalb ihres natürlichen Verbreitungsgebietes. Forstw. Cbl. 82, 27-33

POWELL, G.R., 1987 : Syllepsis in Larix laricina: analysis of tree leaders with and without sylleptic long shoots. Can. J. For. Res. 17, 490-498

PRELL, H., 1942 : Der Lärchenblasenfuß (Thaeniothrips laricivorus Krat.) und das Lärchenwipfelsterben. Tharandter Forstl. Jahrbuch 93, 587-614

PRINZ, B., 1983 : Gedanken zum Stand der Diskussion über die Ursache der Waldschäden in der Bundesrepublik Deutschland. Forst- und Holzw. 38, 460-468

REHFUESS, K.E., 1983 : Ersatztriebe an Fichte. AFZ 41, 1111

REHFUESS, K.E., 1986 : Untersuchungsstandort Luchsplatzl. Schäden an Fichte. Waldschäden, Projektträgerschaft für Biologie, Ökologie und Energie der Kernforschungsanlage Jülich

REMPHREY, W.R.; POWELL, G.R., **1984a** : Crown architecture of Larix laricina saplings: quantitative analysis and modelling of (nonsylleptic) order 1 branching in relation to development of the main stem. Canad. J. Bot. 62, 1904-1915

REMPHREY, W.R.; POWELL, G.R., **1984b** : Crown architecture of Larix laricina saplings: shoot preformation and neoformation and their relationships to shoot vigour. Canad. J. Bot. 62, 2181-2191

REMPHREY, W.R.; POWELL, G.R., **1985** : Crown architecture of Larix laricina saplings: sylleptic branching on the main stem. Canad. J. Bot. 63, 1296-1302

RÖHLE, H., **1985** : Ertragskundliche Aspekte der Walderkrankungen. Forstw. Cbl. 104, 121-127

ROHMEDER, E., **1952** : Der jahreszeitliche Verlauf des Höhenwachstums früh- und spättreibender Fichten. Forstw. Cbl. 71, 369-372

ROHMEDER, E., **1971** :Die Züchtung der Fichte auf frühzeitige und starke Borkenbildung. Forstw. Cbl. 90,74-87

ROLOFF ,A., **1984** : Morphologie der Verzweigung von Fagus sylvatica L. (Rotbuche) als Grundlage zur Beurteilung von Triebanomalien und Kronenschäden. Berichte des Forschungszentrums Waldökosysteme/ Waldsterben; 3, 1-25, Göttingen

ROLOFF, A., **1986** : Morphologie der Kronenentwicklung von Fagus sylvatica L. (Rotbuche) unter besonderer Berücksichtigung möglicherweise neuartiger Veränderungen. Diss. Forstwiss. Fachbereich; Universität Göttingen

ROLOFF, A., **1986** : Morphologische Untersuchungen zum Wachstum und zum Verzweigungssystem der Rotbuche (Fagus sylvatica L.). Mitteilungen der Deutschen Dendrologischen Gesellschaft; 76, 5-49

SACHS, L., **1978** : Angewandte Statistik. Springer Verlag, Berlin, Heidelberg, New York

SCHACHT, H., **1853** : Der Baum. Verlag G.W.F. Müller; Berlin

SCHMIDT-VOGT, H.C., **1964** : Der Johannistriebtest als Hilfsmittel zur Feststellung der Bodenständigkeit von Fichtenbeständen in Hochlagen. In: Forstsamengewinnung und Pflanzenanzucht für das Hochgebirge. BLV Verlagsges., München-Basel-Wien; 93-100

SCHMIDT-VOGT, H.C., **1977** : Die Fichte. Verlag P. Parey; Hamburg und Berlin

SCHÜTT, P., **1970** : Austriebszeit, Höhenwachstum und Nadellänge. Selektionsversuche mit nordischen Kiefern. Forstw. Cbl. 89; 14-20

SCHÜTT, P., **1981** : Folgt dem Tannensterben ein Fichtensterben?. Holzzentralblatt 107, 159-160

SCHÜTT, P.; BLASCHKE, H.; HOQUE, E.; KOCH, W.; LANG, K.J.; SCHUCK, H.J., **1983** : Erste Ergebnisse einer botanischen Inventur des Fichtensterbens. Forstw. Cbl. 102; 158-166

SCHÜTT, P.; BLASCHKE, H.; HOLDENRIEDER, O.; KOCH, W.; LANG, K.J.; SCHUCK, H.J.; STIMM, B.; SUMMERER, H., **1984** : Der Wald stirbt an Sreß. Bertelsmann Verlag, München

SCHÜTT, P.; COWLING, E., **1985** : Waldsterben, a general decline of forests in central Europe: symptoms, development and possible causes. Plant Disease 69; 548-558

SCHÜTT, P.; SCHILL, H., **1985** : Austriebs- und Verzweigungsanomalien an Lärchen -ein weiteres Symptom des Waldsterbens ?. Forstw. Cbl. 104; 326-333

SCHULZ, H., **1985** : Beobachtungen an Fichtenwipfeln - ein neuartiger Baumschaden ?. Allg. Forst Z., 41 927-930

SCHWERDTFEGER, F., **1981** : Waldkrankheiten. Verlag P. Parey Hamburg und Berlin

SPÄTH, H.L., **1912** : Der Johannistrieb. Verlagsbuchhandlung P. Parey; Berlin

WÜHLISCH, G. von, **1984** : Untersuchungen über das prädeterminierte und freie Trieblängenwachstum junger Fichten (Picea abies L.) als Voraussetzung für einen Frühtest. Dissertation am Fachbereich Biologie; Hamburg

L.J. Kučera
H.H. Bosshard

Holzeigenschaften geschädigter Fichten

avec un résumé detaillé en français
including a comprehensive summary in English

1989. 184 Seiten. Broschur
ISBN 3-7643-2264-0
(CBA 1)

Das Fichtenholz ist seiner ausgezeichneten Eigenschaften wegen hochgeschätzt und daher für die Forst- und Holzwirtschaft von grosser Bedeutung.
Die vorliegende Arbeit ist der Frage der Holzqualität geschädigter Fichten gewidmet und prüft die Tauglichkeit dieses Holzes für seine wichtigsten Verwendungsgebiete. Um dieses Ziel zu erreichen, wurden Holzeigenschaften mit Schlüsselcharakter ausgewählt und in die Untersuchung einbezogen.
Im holzkundlichen Bereich sind dies die Splintholzmerkmale, die Tracheidenlänge und der Zellwandanteil. Auf dem hoztechnologischen Gebiet wurden die Dauerhaftigkeit (Pilzresistenz), die Durchlässigkeit für Wasser in axialer Richtung und die Verleimbarkeit (Zugscherfestigkeit verleimter Prüflinge) untersucht. Die Ergebnisse bestätigen die praktisch vollwertige Qualität des Holzes geschädigter Fichten.
Das Buch enthält auch zahlreiche neue, holzkundliche Erkenntnisse und legt die Grundsätze für die Planung holzkundlicher Untersuchungen exemplarisch dar. Ausserdem werden zwei neuere Methoden der Ermittlung des Wassergehaltes im Holzkörper - die Kernspintomographie und die elektrische Widerstandsmessung mit einer neuartigen Messonde - vorgestellt.

Birkhäuser Verlag
Basel · Boston · Berlin